FUTURE BOY

MICHAEL J. FOX
Y NELLE FORTENBERRY

FUTURE BOY

REGRESO AL FUTURO, Y MI VIAJE A TRAVÉS DEL ESPACIO-TIEMPO CONTINUO

TRADUCCIÓN: FERNANDO GARÍ

LIBROS CÚPULA

Esta obra fue publicada originalmente en 2025 por Macmillan, bajo el título *Future boy*.

Diseño de Steven Seighman
Diseño de cubierta: Planeta Arte & Diseño
Realización: Planeta

Agradecimientos especiales por los permisos para reproducir lo siguiente:

Extracto de *No Time* de The Guess Who. Palabras y música de Burton Cummings y Randy Bachman © 1969 (renovados) Shillelagh America Music. Usado con permiso de Alfred Music; Extracto(s) de *Sit, Ubu, Sit: How I Went from Brooklyn to Hollywood with the Same Woman, the Same Dog, and a Lot Less Hair* de Gary David Goldberg, 2008, por UBU Productions. Usado con permiso de Random House.

Extractos y citas del guion original de *Back to the Future* de Robert Zemeckis & Bob Gale © 1985 Universal City Studios, Inc., Cortesía de Universal Studios Licensing LLC.

Postal de la página 108: Cortesía de Chris Coady

Av. Diagonal, 662-664, 08034 Barcelona (España)
Libros Cúpula es marca registrada por Editorial Planeta, S. A.
www.planetadelibros.com

Primera edición: enero de 2026
Depósito legal: B. 19.922-2025
ISBN: 978-84-480-4548-7
Impreso en España – *Printed in Spain*

PEFC
PEFC/14-38-00305
PEFC Certificado
Este libro procede de bosques gestionados de forma sostenible
www.pefc.es

Para todos mis Doc
Robert Zemeckis
Bob Gale
Steven Spielberg
Christopher Lloyd
y Gary David Goldberg

No time left for you,
On my way to better things.
No time left for you,
I'll find myself some wings.
No time left for you,
Distant roads are calling me.

THE GUESS WHO, *NO TIME*

No queda tiempo para ti,
Me esperan cosas mejores,
No queda tiempo para ti,
Me buscaré unas alas,
No queda tiempo para ti,
Caminos lejanos me esperan.

THE GUESS WHO, NO TIME

SUMARIO

PRÓLOGO

El concepto del continuo espacio-tiempo lo introdujo por primera vez Albert Einstein en su teoría de la relatividad general, que revolucionó nuestra comprensión de la gravedad y de la naturaleza del universo. Se refiere al modelo matemático de cuatro dimensiones que combina las tres del espacio y una del tiempo. En la teoría de Einstein, el espacio y el tiempo no son absolutos e inmutables, sino que se ven afectados por la presencia de la materia y la energía, y eso, a su vez, afecta el comportamiento de los objetos dentro de ese marco.

¿Lo has pillado? Estupendo. Yo no tengo ni idea de qué demonios significa todo eso, pero, vaya donde vaya, siempre hay alguien esperando que sea capaz de mantener una conversación coherente sobre el continuo espacio-tiempo, así que quitémonos esto de encima ya. Sí, es cierto que este principio rigió mi vida durante buena parte de 1985, pero me haría falta la ayuda de la IA más avanzada para explicarlo como es debido (y aun así no lo entiendo). ¿Por dónde anda Doc cuando más lo necesito?

Einstein también proclamó: «La única razón de que exista el tiempo es para que no ocurra todo a la vez». Si es así, entonces, entre finales del invierno y principios de la primavera de 1985 el tiempo se volvió loco y me arrastró con él. Durante tres largos meses fui Alex, fui Marty y fui Mike. Dos personas de más. Para poder acabar mi trabajo, al menos uno tenía que desaparecer, y el que sobraba era Mike.

Esta es la historia de lo que ocurrió en aquel período fatídico, cuando completé la tercera temporada de *Enredos de familia* al mismo tiempo que rodaba *Regreso al futuro*. De día era Alex P. Keaton, y de noche, Marty McFly, y las jornadas de veinte horas de trabajo no me dejaban mucho tiempo para ser yo, Mike Fox. He tardado cuatro décadas en recomponerlo todo.

Rodar *Regreso al futuro* fue una carrera contra el tiempo. De principio a fin, todos los implicados en la película funcionamos contra reloj, lo cual tiene su guasa cuando se trata de una película sobre viajes temporales. Sin embargo, con solo 23 años cumplidos, mis horizontes eran infinitos, y la hora del día era algo que ni siquiera las chicas antes solían darme (por fortuna, los tiempos estaban a punto de cambiar). Este se convirtió en mi momento de brillar, y de hacerlo, además, en una película que sigue siendo intemporal.

Este libro cuenta un período extraordinario de mi vida, ese durante el cual hice una película mágica, más mágica incluso que si la hubieran espolvoreado con polvo de estrellas. Como veréis, es un milagro que llegara a buen puerto, pero aquí estamos, cuarenta años después, todavía hablando de ella.

Lo que sigue va dedicado a toda la gente que ama *Regreso al futuro* tanto como yo.

1

MAMÁ INTENTA METERSE ENTRE MIS CALVINS Y YO (¡GLUPS!)

Los ojos que me miraban en ese momento eran soñadores, sensuales, curiosos, sugerentes. Sí, Lea Thompson tenía una mirada condenadamente hipnótica. En ese *boudoir* sumido en la penumbra, sentí que aquella mirada me envolvía, igual que sus manos, que también me envolvían, buscando y encontrando cosas que asir. Su voz, un susurro como de papel de seda, tenía su propia y seductora musicalidad.

¿Cómo habíamos llegado hasta allí? Bueno, a Marty lo había atropellado un coche y, acto seguido, se había despertado en ese dormitorio, atendido por una chica que le resultaba inquietantemente familiar. La situación era incómoda (al menos, así figuraba en el guion). Pero la magia trascendía lo escrito en esas páginas. Encajaba. Lea y yo teníamos lo que en el argot actoral se llama «química».

No teníamos manera de saber que nos veríamos arrastrados por esa conexión tan orgánica como irresistible. De hecho, Lea reconocería más adelante que no esperaba gran cosa de mí. Yo había aterrizado en su película a mitad de rodaje, sustituyendo a un protagonista con quien compartía historia, tanto profesional como personal. Desde su punto de vista, a su antiguo compañero de reparto lo habían despedido de manera súbita e inexplicable tras unas cuantas semanas de rodaje, y el desconocido que lo reemplazaba no era más que un pobre actor de *sitcoms*, esas comedias de situación típicas de la tele. Pero aquellos ojos no mentían. Algo especial estaba sucediendo. Aquello era material del bueno.

Conforme avanzaba el rodaje, no parecía trabajo en absoluto. El guion estaba tan bien escrito que las frases fluían solas:

INT. DORMITORIO OSCURECIDO — NOCHE[1]

MARTY yace en la cama, iluminado por la luz ambiente que llega desde una puerta. UNAS MANOS FEMENINAS le colocan una compresa fría en el chichón de la frente. Marty gime y se mueve.

MARTY ¿Mamá? ¿Eres tú?

MUJER Ya, ya. Tranquilo.
Suena como su madre. Abre los ojos. Solo puede ver su silueta.

MUJER Has estado dormido casi nueve horas.

MARTY He tenido una pesadilla horrible. He soñado que volvía atrás en el tiempo. Ha sido terrible.

MUJER Bueno, estás sano y salvo, de vuelta donde te corresponde, en el buen 1955.

1. Esta traducción no es igual al doblaje en castellano de las películas mencionadas, pues se ha buscado guardar una mayor fidelidad a los guiones originales. *(N. del C.)*

MARTY ¿1955?

Enciende la lámpara de la mesilla. Es la misma chica a la que George espiaba, y Marty la reconoce a la vez que nosotros...

MARTY Dios mío. Tú eres... eres mi... mi...

LORRAINE Me llamo Lorraine. Lorraine Baines.

Marty la mira fijamente un largo momento.

MARTY Pero... ¡pero estás tan delgada!

LORRAINE Tú tranquilo, Calvin. Tienes un buen chichón en la cabeza.

MARTY (mira bajo las mantas)

Eh... ¿dónde están mis pantalones?

LORRAINE (señala) Allí, en la silla.

(Se fija en el color de la ropa interior de Marty.)

Nunca había visto calzoncillos morados, Calvin.

Marty se cubre con las mantas.

MARTY ¿Calvin? ¿Por qué me llamas Calvin?

LORRAINE Bueno, ¿no es ese tu nombre, Calvin Klein? Está escrito en tu ropa interior.

(Cayendo en la cuenta de pronto.)

Oh, supongo que la gente te llama Cal.

MARTY No, bueno, en realidad la gente me llama Marty.

LORRAINE Encantada de conocerte, Marty.

Se acerca y se sienta en la cama justo a su lado. Está muy interesada en él.

LORRAINE ¿Te importa que me siente aquí?

MARTY (traga, nervioso)
Eh... no...
Marty se aparta todo lo posible sin caerse de la cama. Se sujeta fuerte la manta alrededor de la cintura. Ella lo mira, fascinada.

LORRAINE Vaya chichón que tienes ahí...
Le acaricia suavemente la frente magullada... y luego le pasa la mano por el pelo. Marty se aparta aún más... ¡y se cae de la cama! Se cubre con las mantas.

STELLA ¿Lorraine? ¿Estás ahí arriba?
Se oyen PASOS subiendo la escalera.

LORRAINE (a Marty)
¡Es mi madre! Rápido, ¡vuelve a ponerte los pantalones!
Le lanza los pantalones.

Conocí a Lea Thompson diez minutos antes de rodar esta escena. Lea se describe acertadamente a sí misma como «enfadada» cuando nos saludamos por primera vez. Ella y Eric Stoltz, el actor contratado originalmente para hacer de Marty, habían coprotagonizado una película anterior, *Jóvenes alocados*, y se habían hecho amigos, de manera que sentía que debía serle leal y defender su lugar en la película. Además, estaba resentida por cómo lo habían despedido después de seis semanas de rodaje. Yo recibí de rebote todos esos sentimientos, y Lea pasó de echar de menos a Eric a tener que adaptarse a un enfoque completamente nuevo del protagonista, lo cual también cambiaba la dinámica entre los personajes de Lorraine y Marty.

Yo, por mi parte, estaba en modo supervivencia. Llevaba apenas unos días en el trabajo y no me podía permitir el lujo de tener demasiado en cuenta los puntos de vista y la perspectiva de los demás. Ya tenía suficiente con preocuparme de la mía. También existía la posibilidad de que me desmoronara por puro agotamiento, o por un exceso de ansiedad y adrenalina. Sencillamente, bastante tenía con sobrevivir a cada día de rodaje (o noche, porque ambos no tardaron en confundirse más y más).

Me vi arrojado a esa película prácticamente sin preparación, así que me puse a funcionar por instinto, elegí un rumbo y me comprometí con él, siguiendo esa filosofía que promueven los programas de superación de adicciones: «Actúa como si». Si no tienes del todo claro cómo alcanzar tu objetivo o cómo lograr lo que persigues (sobriedad, claridad, honestidad), simplemente «actúa como si» lo supieras. Cuando te lo crees de verdad, es cuando tienes la oportunidad de avanzar. Pero si te da miedo abrir esa puerta, nunca llegará a suceder. Esa es la química creativa de la interpretación y por eso me encanta trabajar con otros actores. Todo se vuelve posible.

Tras las primeras tomas, me sentí lo bastante cómodo como para arriesgar un par de sugerencias, que nuestro director, Robert Zemeckis, acogió al principio con cautela y luego con entusiasmo. Se me ocurrió que Lorraine podía arrancar otra carcajada a esa escena cambiando una frase de su diálogo, y le propuse el chiste a Bob antes de compartirlo con ella. Cuando Marty, que está muy nervioso, se da cuenta de que solo lleva puestos sus calzoncillos Calvin Klein, le pregunta a Lorraine: «¿Dónde están mis pantalones?». En vez de la versión original, «En la silla», en la siguiente toma probamos la frase que se me había ocurrido. Lea la dijo perfectamente: «Allí... con mi ajuar».

Este era el tipo de improvisación aleatoria que se me ocurría cada día durante los ensayos de *Enredos de familia.* Hacer una *sitcom* es como ir a un campamento de instrucción de comedia —un *Komedy Kollege,* como lo llamábamos (con dos K, porque las palabras con consonantes duras son simplemente más graciosas)—. Sin embargo, yo era el chico nuevo allí, y no estaba seguro de cómo sentarían mis ocurrencias no solicitadas. Los miembros del equipo de *Regreso al futuro* contuvieron sus reacciones hasta que Bob dijo «¡Corten!», y entonces me sorprendieron con una ronda de carcajadas tan sinceras como entusiasmadas. Lea me lanzó una sonrisa, seguida de un tímido guiño, y yo le respondí con otro.

Sabía que estábamos en la misma onda.

Y hasta el momento todo era surrealista.

Clavé la vista en aquella mirada de alcoba y pensé: «Esta chica es muy buena». Esperaba que ella, al mirarme a los ojos, estuviera pensando: «Este tío de la *sitcom* no está tan mal, después de todo». Lea empezó a caerme bien, y eso que era yo el que se caía de verdad en esa escena. En fin, pese a su reacción inicial, estaba claro que yo también había empezado a ser de su agrado. De un modo u otro, era una escena con muchas caídas.

Esta primera escena terminaba cuando la madre de Lorraine la llamaba desde el piso de abajo. Lorraine entraba en pánico y me lanzaba los pantalones con un movimiento brusco, clavándomelos en el esternón. «¡Rápido, vuelve a ponerte los pantalones!» Según el guion, yo recogía los pantalones, me caía de la cama mientras intentaba ponérmelos y desaparecía del encuadre. Aunque no estaba en el guion, decidí añadir un poco de improvisación a la escena (en la jerga de las *sitcom*, lo que se llama un «cierre»). Me incorporé de un brinco desde el suelo, con una pierna dentro de una pernera, y, al intentar meter el pie en la otra, fingí caerme y darme un batacazo en plan árbol talado, todo yo bien tieso. El resultado fue que salí del encuadre con un golpe sordo y un buen efecto cómico.

De nuevo, el equipo esperó al corte antes de reírse. Bob apenas podía reprimir su propia risita. «Vale, hagámoslo otra vez —dijo—. Pero por lo que más queráis, que alguien le ponga un cojín en el suelo a este tío.»

Yo estaba bastante acostumbrado a esos ritmos cómicos. Para mí, cuando se trataba de buscar comicidad, mi cuerpo no era mi templo, era un recurso que saquear y expoliar. Lea se fijó y más adelante me dijo: «Me encantó la manera en que te tropezaste con los pantalones y te caíste de la cama; cómo se te quebraba la voz, y la precisión física que poseías. Vi enseguida que tenías una habilidad increíble, y eso me impresionó muchísimo». Yo sentía lo mismo por el talento de Lea. Me parecía inteligente y discreta, y percibí que estábamos desarrollando un vínculo, al margen de cómo habíamos llegado hasta allí. Pero lo importante era adónde íbamos. Después de eso, conectamos bastante rápido. Según Lea, «hicimos clic».

A las dos y media de la madrugada por fin se dio por terminado el día/noche de rodaje, y un chófer del equipo me dobló cuidadosamente y me depositó en el asiento trasero de un coche del estudio para dejarme en casa. Mientras me quedaba dormido, se me metió en la cabeza una canción de

Herman's Hermits, una vieja melodía de donde yo vengo: «Something tells me I'm into something good»... («Algo me dice que estoy metido en algo bueno»).

2

PLURIEMPLEO

Un mes antes...

Poco antes de las vacaciones de Navidad, sonó el teléfono en mi camerino de Paramount, donde estaba rodando la tercera temporada de *Enredos de familia*. «Eh, Mike. Soy Gary.» Solo había un Gary en mi vida: Gary David Goldberg, creador y productor ejecutivo de *Enredos de familia*. «¿Puedes pasarte por mi despacho después del ensayo de hoy?» Gary había estado la mayor parte del tiempo en una oficina adjunta en Burbank, escribiendo y produciendo *Sara*, una nueva serie para NBC con una jovencísima Geena Davis en el papel principal, acompañada por Alfre Woodard, Bill Maher y Bronson Pinchot. Geena hizo de niñera en un episodio de *Enredos de familia,* unos meses antes, y todos pensamos que había estado brillante y muy graciosa.

Entré en el despacho de Gary con una sensación de aprensión. ¿Había hecho algo mal? ¿Estaba a punto de que me despidieran del mejor trabajo que había tenido nunca? Cuando llegué, Gary se quedó sentado detrás de su escritorio tamaño *Ciudadano Kane*. Yo ocupé la sillita al otro lado.

Para nosotros, la situación era extrañamente formal y un poco desconcertante. Eché un vistazo a su nuevo despacho: no había nada de *Enredos de familia*, solo estanterías llenas de guiones, material de producción y paredes empapeladas con pósters grandes de *Sara*. En un momento dado, el diseñador de producción de la serie asomó la cabeza para pedirle a Gary la aprobación del decorado del episodio de esa semana. Todo resultaba muy extraño, como estar en un piso donde tu padre tiene una aventura.

Gary respiró hondo y me soltó la bomba. Resultaba que, cuatro meses antes, Steven Spielberg lo había llamado para decirle que me quería para el papel protagonista de una superproducción que estaba a punto de poner en marcha. Gary y Steven eran amigos desde hacía años, así que, inicialmente, lo hablaron entre ellos, sin decirme una palabra a mí ni a mi agente. Al final, Gary le pidió disculpas a Steven y a los otros productores, y les dijo que no podían contar conmigo debido a mis compromisos con *Enredos de familia*. En ese momento yo le resultaba imprescindible por una serie de circunstancias personales con nuestro reparto.

Hacia el final de la temporada anterior de *Enredos*, Meredith Baxter había anunciado que estaba embarazada de gemelos, y nuestros guionistas decidieron integrar el embarazo en la historia de los Keaton. De ese modo, la temporada 3 comenzó a rodarse en julio con un episodio en el que los personajes de Elyse y Steven esperan un nuevo bebé. Todo iba bien, salvo que, a los pocos meses, el médico de Meredith le prescribió inesperadamente reposo absoluto, lo que obligó a parar la grabación de los episodios de forma imprevista.

Mi agente, Bob Gersh, aprovechó el momento y me envió el guion de una película rápida y de bajo presupuesto titulada *De pelo en pecho*. Estaban listos para empezar a rodar, y las cinco semanas de filmación encajaban sin problema en el parón de producción de *Enredos*. Iba a ser mi primer papel protagonista para la gran pantalla. No era nada especialmente original y me exigía llevar encima un traje de 11 kilos hecho de pelo de yak, pero aun así, acepté. Ahora que lo pienso, no sé por qué lo hice. ¿Quizá porque lo del hombre lobo le funcionó a Michael Landon en *Yo fui un hombre lobo adolescente*? ¿O lo acepté por impulso, porque pensé que no volvería a tener la oportunidad de protagonizar algo para la pantalla grande? Ojalá hubiera sabido entonces que, por las mismas fechas, Robert Zemeckis, Bob Gale y Steven Spielberg estaban haciendo el *casting* de *Regreso al futuro*, una película que, en realidad, había estado pensada para mí desde el principio.

Para ser justos, cuando le plantearon por primera vez la posibilidad de que yo interpretara a Marty McFly, Gary estaba con el agua al cuello por el embarazo inesperado de Meredith. Dado que Meredith tenía que ausentarse por orden del médico durante media docena de episodios, mi papel en *Enredos* cargaría con más peso de lo habitual cuando se reanudara la producción. Gary me consideraba imprescindible para la serie, pero al mismo tiempo sabía que me rompería el corazón si me obligaba a dejar pasar esa oportunidad con Spielberg, así que le dijo que no en mi nombre y nunca me lo contó. Aunque comprendía la situación, no pude evitar darle vueltas a la ironía. Gary no me permitía hacer horas extra para *Regreso al futuro*, pero allí estaba yo, reuniéndome con él en el despacho que había tenido que habilitar para su segundo trabajo.

La cabeza me daba vueltas mientras intentaba digerir la noticia. Todos mis amigos actores hablaban de lo que harían si alguna vez les caía un film de Spielberg. Yo había visto *Indiana Jones y el arca perdida* en Toronto, mientras filmaba una película de adolescentes conflictivos llamada *Curso 1984,* y me había volado la cabeza como a cualquier cinéfilo del planeta. Pensé: «Guau, formar parte de ese mundo sería la monda», aunque estaba seguro de que nunca tendría esa suerte.

Sin embargo, el bombazo de verdad vino después, cuando Gary me confesó que Spielberg y Bob Zemeckis —el joven y brillante director de la película— habían contratado a Eric Stoltz como protagonista después de que Gary me borrara del proyecto, y que, aunque ya llevaban más de un mes de rodaje, los *dailies*[1], desgraciadamente, no les convencían. Aunque Eric era un actor con mucho talento, el equipo creativo pensaba que no encajaba del todo en su papel de Marty McFly. Spielberg y Zemeckis esperaban convencer a Universal para hacer el cambio y volver a rodar las escenas de Eric, pero solo tras asegurarse de contar conmigo esta vez.

Steven volvió a hablar con Gary y le rogó que me compartiera. Para lograrlo le prometió el siguiente acuerdo: yo podría cumplir mis compromisos con *Enredos* durante el día, y ellos rodarían mis escenas de *Regreso al futuro* por la noche. En ese momento, nos quedaban solo nueve episodios del total de veintiséis que la NBC había encargado para la temporada, así que Gary cedió. Conocía el guion de la película y sabía que yo era perfecto para el papel de Marty McFly. No iba a decepcionar a Steven (o a mí) una segunda vez.

Gary me dijo que aceptaba que hiciera la película, siempre que yo estuviera convencido de que podía con ambos

1. En cine, *dailies*, o avances diarios, son los archivos de vídeo con audio sincronizado que se generan cada día de rodaje para que el director y el equipo creativo evalúen el progreso y la calidad de lo filmado. *(N. del T.)*

papeles sin faltar ni un minuto a su serie. Mientras yo intentaba asimilar lo que estaba ocurriendo entre oleadas de sorpresa e incredulidad (y, en realidad, de alegría), Gary abrió el cajón de su escritorio de *Ciudadano Kane* y me entregó un sobre con el guion de *Regreso al futuro*. «¡Me encanta!», grité, para su sorpresa, mientras lo sopesaba en la mano sin molestarme en leer su contenido. Acepté el pacto de interpretar dos papeles a la vez y le di las gracias. Me metí el sobre bajo el brazo y corrí a casa para leer el guion, pero me daba igual lo que hubiera en esas páginas.

Lo importante era que ya era mío.

3

LA VÍSPERA DEL FUTURO

Pasé los últimos días de 1984 con mi familia, en Vancouver, mientras mi agente negociaba mi contrato para *Regreso al futuro*, y de paso procuré acumular horas de sueño durante las fiestas, porque tenía la certeza de que sería un bien escaso a lo largo de los meses siguientes.

Era la calma antes de la tormenta. Todo estaba a punto de cambiar a partir de Año Nuevo. Mientras tanto, me mantuve entretenido con una amiga de mi hermana, una chica con la que, a veces, salía en Canadá. Una noche le confié: «Creo que por fin lo he conseguido». Estaba en una serie de éxito que me encantaba; acababa de terminar de rodar *De pelo en pecho*; y me encontraba a punto de protagonizar una película de Hollywood de verdad, con un buen presupuesto. Tras años de bregar como actor, el éxito parecía haber caído en mi regazo de golpe. Qué torbellino.

Gary Goldberg tenía fama de ser una especie de niño prodigio que ya había triunfado habiendo cumplido los 30 años. Por mi parte, yo también estaba convencido de que mi momento «niño prodigio» había llegado. Tenía 23 años y el futuro se abría ante mí. De repente, había una puerta donde antes había habido un muro.

Mi familia —no precisamente pródiga en efusivas alabanzas— optó por ofrecer sabiduría y apoyo. A mi madre le preocupaba que estuviera intentando abarcar demasiado. Incluso para una familia de currantes como la nuestra, le parecía que me estaba pasando. Mi hermano, Steve, a quien siempre había admirado (y sigo haciéndolo), se encontró ante un cambio de papeles de hermano mayor/hermano pequeño que, sin duda, le debió de resultar desconcertante. Mi hermana pequeña, Kelli (que pronto sería una actriz y directora celebrada en la escena teatral canadiense), se quedó tan pancha. Y mi padre, que era la sensatez en persona, seguía pensando que algún día aparecería la policía y se me llevaría esposado.

Aquellas Navidades fueron mi último contacto con mi antiguo mundo, el de Burnaby, donde amigos y familia me tenían por un metepatas profesional. Estaba a punto de pasar algo grande. Iba a trabajar con Steven Spielberg. Sí, ni más ni menos que con Steven Spielberg.

La primera semana de enero, ya me encontraba de vuelta en Los Ángeles. El rodaje de *Enredos* se reanudó con los nueve episodios pendientes. Casualidades del destino, el primero, «Cry Baby», iba de un Alex que no podía dormir porque su madre acababa de dar a luz al pequeño Andrew. El bebé era tan llorón que no dejaba dormir a nadie de la familia, siendo la ausencia de sueño algo a lo que yo estaba a punto de acostumbrarme.

Los guiones de esos nueve capítulos se centraban mucho en mi personaje de Alex. La cosa era: o bien trama A, con Alex a tope; o bien trama B, con Alex tirando de un hilo secundario. Gary fue fiel a su palabra y no me concedió ni un gramo de trato de favor por tener un segundo curro. De hecho, nuestra programación se hizo más dura: en lugar del calendario habitual, que concede una semana de descanso tras cada tres episodios, Paramount decidió que haríamos los nueve del tirón con un solo descanso a mitad. No habría descanso para el cansado.

Mi agente remató el acuerdo para empezar *Regreso al futuro* la semana siguiente. No fue una negociación complicada —yo habría pagado por poder hacer ese papel—, pero había que cuadrar al milímetro cómo repartir mi tiempo entre los dos compromisos.

Tuve suerte de que esto pasara en 1985 y no hoy. Bob Gersh me lo confirma: «Hoy sería inviable porque nuestra profesión está plagada de abogados, de aseguradoras y hombres de negocios por todos lados. A las pelis se les ponen dos semanas de margen por delante y por detrás. En tu contrato de *Regreso al futuro* no había ni una hora de margen».

Zemeckis y Gale siguieron rodando con Eric Stoltz, que no sabía lo que se le venía encima, hasta que mi contrato quedó debidamente firmado. Spielberg temía que la película implosionara si lo despedían antes y el rodaje se interrumpía. Universal necesitaba garantías de que el cambio de protagonista se haría limpiamente.

La noche del jueves 10 de enero, Zemeckis tuvo una conversación difícil con Eric. El resto de los actores me contaron después que se quedaron tocados. Bueno, casi todos. Christopher Lloyd, que interpretaba al despistado científico Doc Brown, no captó de primeras la magnitud del tema. Cuando el productor Neil Canton le dijo que Eric se iba de la película, Chris se quedó en blanco: «¿Quién es Eric?». Solo lo conocía por el nombre del personaje porque Eric había empleado tan a fondo técnicas de actuación durante el rodaje, que había pedido a todos que lo llamaran «Marty» todo el rato.

4

MALIBÚ MARTY

Treinta y seis horas después de la salida de Eric de *Regreso al futuro*, me reuní por primera vez con Bob Zemeckis y Bob Gale. Gary volvió a ejercer de intermediario. Me presenté en su casa de Broad Beach, en Malibú, aquel sábado por la mañana, todavía medio zombi tras haber estado rodando *Enredos de familia* hasta pasada la medianoche. Antes de que llegaran los productores de *Regreso al futuro*, Gary y yo nos dimos un paseo por la playa para que yo pusiera un poco de orden en mi cabeza. Todo aquello me parecía irreal. Gary me pasó un brazo por los hombros mientras avanzábamos trabajosamente por la arena, los dos en jersey para cortar el fresco de enero. Parecía como si yo fuera Barbra Streisand y él Robert Redford en *Tal como éramos*. O quizá yo no era Barbra; quizá yo no era más que una gaviota sobrevolando la escena, intentando no cagarme encima de nadie.

Aquel tramo de playa tan bonito era la milla de oro de la costa de Los Ángeles. Pese a mi éxito —relativo—, nunca había estado en Malibú, y seguía siendo cliente fiel de las playas públicas, como Zuma y Santa Mónica, preciosas a su manera, pero que no tenían nada que ver con aquella franja de paraíso. Durante el camino pasamos por delante de las casas de la playa de Dick Martin, Danny DeVito, Jeffrey Katzenberg (el jefazo de Disney por entonces) y una mansión impresionante y muy moderna que en ese momento tenía alquilada Steven Spielberg. El bungalow de Gary, que se había comprado con el dinero que ganó reescribiendo *Grease 2*, había sido elegido para la reunión por su cercanía a la casa de Steven... y también para no atraer curiosidades indeseadas. A esas alturas, mi papel en la película seguía siendo un secreto muy bien guardado.

Nuestro paseo por ese tramo privado de playa fue el preludio de una reunión que me cambiaría la vida para siempre. De vuelta en casa de Gary, el salón se fue llenando de gente del cine, todos con la sonrisa puesta, entre ellos Kathleen Kennedy y Frank Marshall, que dirigían la productora de Steven, Amblin Entertainment, y eran los productores ejecutivos de *Regreso al futuro*. Kathy era el puente entre Steven y Gary, ya que los había presentado diez años antes. «Gary y yo nos conocimos en una clase de guion en la universidad —recuerda Kathy—. Era el único capaz de escribir un guion al día. Nuestro profesor quedó tan impresionado que le consiguió trabajo en la serie *Lou Grant*. Mientras tanto, yo me puse a currar en una película, ayudando a John Milius y también a Steven Spielberg. Steven estaba desarrollando un proyecto nuevo y me preguntó si conocía a algún guionista, así que le presenté al único que conocía: Gary. Se hicieron amigos al instante.»

Eché un vistazo al salón. Allí estaba Steven, los dos Bob (Zemeckis y Gale) y una cuadrilla de jefes de departamento, lo mejorcito del talento creativo de Hollywood. Steven me indicó que me sentara en la butaca junto a la suya, con el Pacífico de fondo. Steven Spielberg era como un mito para mí. Me explotaba la cabeza con solo estar allí presente. En realidad, ya lo había conocido una vez, cuando vino a visitar a Gary al plató de *Enredos de familia*. Estaba de espaldas, charlando con Gary, y desde ese ángulo se parecía muchísimo a Murray, nuestro técnico de sonido. Así que, al pasar por su lado, le di una palmada en la espalda y le solté mi saludo habitual. Lo que le dije a Steven Spielberg, mi futuro jefe y el mejor director de mi generación, fue algo así como: «Eh, Murray, viejo saco de mierda. ¿Cómo va eso?».

La reunión empezó con una rápida presentación del equipo de *Regreso al futuro*. Estaban claramente ilusionados de verme. Por mi parte, me pareció intuir que me querían en el papel de Marty desde el principio, pero no quise pensar mucho en ello porque esa parte de la historia no dejaba de producirme cierto resquemor. En cuanto a ponerle jerarquías a tanta gente sonriente, ni idea: no estaba seguro de quién hacía exactamente qué. Sin tiempo para romper el hielo, fuimos al grano. Yo estaba medio dentro y medio fuera de la conversación. Todavía había un tabique entre mi vida y ese mundo del cine a lo grande.

Sí capté que, tanto para los productores como para el equipo creativo, *Regreso al futuro* se les había hecho cuesta arriba desde el principio. Las dificultades previas a ese momento —la batalla corporativa con el estudio y todo el trasfondo de intereses cruzados que yo no había vivido— se me escapaban completamente. Según Bob Zemeckis, después de que Gary me vetara inicialmente para el papel, los productores hicieron pruebas a decenas de actores, pero el Marty que buscaban seguía sin aparecer. El jefe de Universal Pictures, Sid Sheinberg, les sugirió considerar a Eric Stoltz, que acababa de terminar *Máscara* para el estudio (aquel drama, que por aquel entonces estaba todavía por estrenar, le valdría a Eric premios y críticas estupendas al año siguiente). Con la decisión de Marty aún en el aire, la fecha de inicio de *Regreso al futuro* se fue retrasando varias veces. Al final, Zemeckis le dijo a Sheinberg: «Prefiero esperar a que Michael J. Fox esté disponible». Pero el mandamás del estudio lanzó un ultimátum: «O empezáis a rodar el 1 de diciembre o no hago la película». Sid confiaba en que Eric era la elección correcta, pero, por si acaso, ofreció a Spielberg, Zemeckis y Gale una concesión: podrían buscar otro actor si Eric no funcionaba. Seis semanas después, Sid Sheinberg cumplió su palabra, y el estudio aceptó partir de cero, pero solo si podían asegurar mi fichaje.

Yo sabía que el listón estaba alto. El estado de ánimo predominante en la reunión de Malibú era el alivio. Pero yo era un cervatillo en el bosque. Visto ahora, entiendo el marrón que tenían encima Zemeckis y Gale: básicamente estaban pidiendo al estudio que pusiera la película en manos de un chaval de 23 años, que apenas era conocido entre el gran público. Ellos creían en mí, pero nadie podía saber cómo saldría. Pensé: «Lo único que tengo que hacer es conseguir que esta gente no se sienta idiota por haberme contratado, al menos durante los días que vaya a durar el rodaje».

Si echo la vista atrás, el resto de la reunión en Malibú es un borrón confuso. Hablé con Zemeckis y Gale sobre el personaje de Marty McFly, pero menos de lo que podría pensarse. En unos días empezaría a rodar sin haber ensayado nada previamente. Estaba claro que todos ellos sabían que yo encajaba en el personaje y no necesitaban que les explicara mi filosofía. Gary se quedó durante la reunión, presidiéndola como un buda. Él había estampado el coche y ahora estaba feliz de haberlo reparado. Yo estaba como en un sueño, mirando la escena desde fuera. Si me hubieran pinchado el brazo en ese momento y hubiera salido gelatina, habría pensado: «Ah, qué bien, gelatina».

Los últimos años habían sido otra especie de sueño. Había pasado de actor muerto de hambre a protagonista de una comedia de éxito. Y ahora estaba en esa sala con la gente creativa más poderosa de Hollywood. Todo el mundo hablaba rápido y aportaba opiniones con seguridad. Un despliegue de conocimiento y oficio impresionante. Por mi parte, yo estaba deseando trabajar duro para todos ellos. Si *Regreso al futuro* no triunfaba conmigo como Marty McFly, al menos me estrellaría habiendo hecho una peli de Steven Spielberg.

Los zapatos viejos del nuevo emperador

Tras la reunión me metieron directo en mi primera prueba de vestuario, con percheros a reventar y varias auxiliares apretujadas en la habitación de invitados de Gary. Marty McFly 2.0 iba a llevar un estilo completamente distinto del conjunto monocromo de vaqueros oscuros, camisa gris de cuadros y chaqueta negra que había lucido Eric Stoltz. Ese vestuario había buscado que el Marty ochentero se camuflara mejor en 1955, pero, ya que tocaba empezar de cero, el departamento decidió dar un golpe de timón.

El talentoso equipo de vestuario de Deborah L. Scott me probó varias combinaciones, y enseguida me vi, no exactamente en una pasarela, pero sí como el único modelo en un desfile privado, yendo y viniendo por la moqueta color arena del salón mientras los productores valoraban cada conjunto. Y no tardaron mucho en dar con el *look* definitivo. Cuatro capas de color, textura y estampado para el nuevo atuendo de Marty: una camiseta de algodón granate, metida por dentro, bajo una camisa de manga corta a cuadros; una cazadora vaquera muy gastada con forro de cachemira rosa; vaqueros Guess de tiro alto (la moda de entonces) y el ya mítico chaleco de plumas naranja.

Mi prueba, como todo aquel fin de semana, fue un tsunami de atención personalizada, pero aquellas artistas del vestuario me hicieron sentir a gusto. La intención era deliberada —nada de tiros a ciegas—, diseñaban un conjunto que resaltara la individualidad de Marty. La locura de capas encajaba con el personaje. Marty no era el tipo de adolescente que escogía lo previsible.

Por mi parte, aporté sin querer un toque de estilo propio a Marty McFly: las zapatillas Nike eran mías. Aquel día, en Malibú, el departamento de vestuario se dio cuenta de que, con las prisas por reunir todo lo necesario para el cambio de protagonista y el nuevo estilo, se dejaron los zapatos de Marty en el plató. Yo había llegado a la reunión con mis Nike favoritas: unas Bruin blancas, sin florituras, con el logo rojo. Eran mis zapatillas de batalla, perfectas para el monopatín, para caminar como un pato o en plan Chuck Berry. Precisamente todo lo que Marty iba a tener que hacer. Así de simple. No hubo cónclave sobre si el *swoosh* implicaba acción o si ese color era el correcto. Marty necesitaba zapatillas y yo dije: «¿Y estas qué tal?». Aquella elección tuvo un impacto duradero en el personaje y también en Nike (que quedaría asociada a la saga *Regreso al futuro* desde entonces).

Iba a empezar a rodar como el nuevo Marty al cabo de dos días, pero Deborah Scott se topó con otro problema: necesitaba varios pares idénticos de repuesto, por si alguno se manchaba o se estropeaba durante el rodaje. Por desgracia, mis Nike Bruin no estaban disponibles en ninguna parte. Deborah llamó al productor ejecutivo Frank Marshall, que tiró de la única fuente que conocía: el encargado de la tienda Nike de Westwood, que le confirmó que eran imposibles de encontrar. De hecho, la marca ya no fabricaba ese modelo.

Frank no se amilanó. «¿Tenéis alguien en Nike que lleve lo de cine y esas cosas?» El encargado respondió: «Bueno, acabamos de inaugurar un departamento de *product placement* en la central de Portland. Lo lleva una mujer que se llama Pam McConnell». Frank llamó a Pam, le explicó el problema y se marcó una petición con todo el descaro del mundo: ¿Podía Nike fabricar las zapatillas para la película? «No podemos pagaros nada», añadió, por si a Pam le faltaban motivos para colgar.

Lo que pasó después es casi de locos. Pam no se rio ni colgó, sino que respondió con calma: «No os preocupéis. ¿Cuántas necesitáis?». Frank dobló la cifra que le había pedido Deborah: «Necesito veinte pares para la semana que viene».

«Hecho.»

«Y así conocí a Pam —recuerda, a día de hoy, Frank—. Fue el inicio de nuestra larga relación con Nike.»

Mi vestuario de *Regreso al futuro* quedó perfilado aquel fin de semana, y los ajustes finales se hicieron justo antes de que empezáramos a rodar el martes por la noche (unos tirantes algo naíf fueron el último complemento que añadieron antes de lanzarme al plató). Me chiflaron las prendas cincuenteras que me tocó llevar. Había algo cándido en aquellos colores y estampados que me atraía. Un detalle chulo del vestuario: en 1985 llevaba sobre todo colores primarios; pero, cuando viajaba a 1955, el vestuario viraba a una paleta pastel. El pelo también cambiaba en las escenas de época: aquel *look* pedía que los de peluquería y maquillaje me lo peinaran hacia atrás. Olí a fijador de pelo durante meses después de terminar el rodaje.

Encarnar a Marty McFly coincidió con mi interés creciente por la moda. Tres años de sueldo de *Enredos de familia* me habían permitido saldar deudas y acumular unos ahorrillos. Por primera vez en mi vida tenía dinero para ropa. Y me encantaba, especialmente, comprar zapatos llamativos.

Mis más que generosos ingresos me servirían después para otro tipo de compra, algo mayor: compré una casa para mis padres en Burnaby.

Poco después del rotundo éxito de *Regreso al futuro*, el alcalde de Vancouver me invitó a presentar una gala para financiar el nuevo auditorio de la sinfónica. Volé a Canadá, rechacé el hotel de cinco estrellas que me habían reservado y me quedé en casa de mis padres. La noche del evento me planté en la cocina con mi esmoquin de Armani, combinado con unas Converse negras que llevaban una calavera y unas tibias cruzadas bordadas. Mi padre evaluó el conjunto con el ceño fruncido y finalmente dictó veredicto: «No puedes ponerte esas zapatillas. Son una falta de respeto para una ceremonia como esa. Vete y ponte algo apropiado».

Ahí me hallaba, en una casa que había comprado yo, con mi padre diciéndome que me fuera a mi cuarto a cambiarme de zapatos. «Papá, lo importante aquí es que me quieren a mí. No soy de zapatos de charol, no lo he sido nunca. Seguro que mientras me criabas notaste que, a veces, sigo mis propias reglas y, aunque tú no lo veas, la calavera y las tibias dicen quién soy.»

Lo que intentaba decirle a mi padre era que no quería perder mi identidad en medio de la fama y el éxito recién estrenados. Cada vez que miraba mis zapatillas aquella noche, me acordaba de mi yo verdadero, y me prometí no fingir ser alguien que no era.

5

PORTAL TEMPORAL

HOLLYWOOD, CALIFORNIA
HACIA 1972, 1979 Y 1985

«¿Carreteras?», preguntó un científico muy sabio o, muy probablemente, chiflado de remate. «A donde vamos no necesitamos carreteras.» Interesante, desde luego, pero no del todo cierto. Resulta que a donde yo iba «sí» necesitaba carreteras. En concreto, un tramo sobre el borde oriental de las montañas de Santa Mónica, donde la autopista 101 se cruza con la 134. Yo, desde luego, no habría logrado interrumpir el continuo espacio-tiempo de no haber sido por mis idas y venidas a través de esa cinta de asfalto que, en su día, formó parte del legendario Camino Real de California. En la era del automóvil moderno se llama Cahuenga Pass.

1985

Durante los primeros meses de 1985 abrí una senda bien profunda a través de ese paso de montaña, ida y vuelta y vuelta e ida, y casi siempre sin el privilegio de poder disfrutar de las vistas. La mayor parte del tiempo vivía en una negrura perpetua. Para mí apenas había diferencia entre el día y la noche. ¡Zas!, luz de día. ¡Zas!, oscuridad. Mientras los habitantes de Los Ángeles disfrutaban de brisas marinas y cálidos rayos de sol, mis horas diurnas transcurrían bajo el oscuro caparazón de un plató de Paramount, donde seguía ensayando y grabando *Enredos de familia*. La noche quedaba reservada para mi otro trabajo: rodar *Regreso al futuro*. Al salir del curro número uno, tras ocho o nueve horas, solo alcanzaba a ver un diminuto arco de crepúsculo. Era la hora huérfana, bañada por la luz del ocaso, y me la apropiaba para mi viaje en el asiento de atrás de una gigantesca ranchera, panelada en símil madera y conducida por uno de los chófers. Mi breve, pero potente, metamorfosis sobre el Cahuenga Pass se repetía cada noche: me desprendía del niño prodigio que era Alex Keaton y me convertía en el siempre impresionable Marty McFly. El trayecto desde los estudios Paramount a los de Universal era un tiro directo: subir por Gower Street hasta la 101 (también conocida como la Hollywood Freeway) y seguir el paso hacia el Valle de San Fernando. Mientras cubría la ruta de un estudio a otro, todavía podía distinguir el perfil de las colinas de Hollywood, salpicadas por los bungalows que, desde hacía un siglo, habían alojado a los actores, guionistas, directores y aspirantes varios que peregrinaban a la meca del cine y cuyas descripciones podemos encontrar en cualquier novela de Dashiell Hammett o Raymond Chandler. A finales del siglo XIX, un acaudalado magnate minero, Griffith J. Griffith, donó 1.200 hectáreas para lo que sería (lo has adivinado) Griffith Park, un paisaje que se extiende hasta el observatorio inmortalizado en *Rebelde sin causa*.

De camino a mi curro nocturno también pasaba junto a

otros hitos, y mi paso coincidía con el encendido de los focos que los iluminaban, lo que siempre me producía una sonrisa. De repente, como por arte de magia se iluminaban los letreros de Hollywood, del Roosevelt Hotel y de Capitol Records, símbolos de la ciudad. Y todas las noches me sobrecogían igual que la primera vez que los había visto, siendo un simple turista, años atrás.

1972

Mi primer viaje por Cahuenga Pass fue a comienzos de los años 70, y por aquel entonces no tenía ni idea de que, doce años después, sería la ruta hacia mi éxito y la realización de todos mis sueños. Mi bautismo de Los Ángeles (en realidad, del estado californiano) llegó con ocasión de unas vacaciones de primavera, cuando cursaba quinto curso. Mi madre y su hermana, mi tía Pat, nos llevaron a mi hermana Kelli (8 años), a mi prima Jennifer (que, como yo, tenía 11) y a mí a un viaje largamente prometido y aún más largamente esperado: Disneylandia. Con fondos limitados para aviones y hoteles, compramos billetes de tren clase turista de Vancouver a Los Ángeles. El trayecto, interminable, acabó en Union Station, donde enlazamos con un autobús Greyhound rumbo al sur, hacia Anaheim. Tras una noche tardía en un motel cutrecillo fuera del recinto, la primera excursión del itinerario no fue al mundo de Walt, sino otra vez al autobús, en esta ocasión de vuelta al norte, a Los Ángeles, para asistir a una visita guiada con entrada a los Estudios Universal. Una hora después, nuestro autobús se incorporaba a la 101, regalándome mi primer paseo por Cahuenga Pass, camino de Universal City. Crujió la megafonía y el conductor informó: «Ahora estamos pasando por Hollywood, cuesta abajo, a la izquierda. —Y, con tono tranquilizador, añadió—: No se preocupen. Nuestra ruta no pasa por ese antro de depravación y tampoco hay ninguna posibilidad de que se nos cuele en el autobús Charlie Manson o uno de sus discípulos». Comprensible, al fin y al cabo, estábamos a principios de los años 70.

Aquella aventura de mamis y peques fue un viaje distinto al que mis padres hicieron el año anterior: unas vacaciones raras sin niños, muy distintas a la clásica escapada de la familia Fox, que solía consistir en los siete apretujados en una tienda militar, plantada a pie de carretera en algún parque provincial de Canadá. Aquel viaje solo-para-adultos fue una mejora notable. Se dirigían a ESTADOS UNIDOS DE AMÉRICA. Se apuntaron mi tío Albert, mi tía Marilyn, mi tío Jake y mi tía Pat. Todos subidos en el Dodge Aspen de mi padre, bajaron desde Burnaby, cruzaron la frontera en Bellingham (Washington), bajaron por Oregón y, luego, siguieron en diagonal, por el norte de California. El destino estaba justo al otro lado de la línea de Nevada: una visita al rancho de la Ponderosa, de *Bonanza,* y un poco de juego responsable en las tragaperras de Reno. Mi padre volvió con cajas de ceniceros «requisados» en casinos de serie B. Su teoría era que, si se habían molestado en grabar el nombre del hotel en el cenicero, era publicidad y, por tanto, se la podía llevar. «*Free,* "gratis"», como decía él. Por discreción, envolvía los ceniceros en toallas del hotel para que no tintinearan al salir. Las toallas, al parecer, también eran «*Free* "gratis"».

Tras Reno, volvieron a cruzar a California y siguieron hacia el sur, entusiasmados por poder visitar los Estudios Universal. Allí, mi padre compró un recuerdo que prendió en mi imaginación infantil y me dejó una impresión duradera. En el recorrido por los platós, les ofrecieron ver cómo se hacía un programa de la tele, en una atracción para el público llamada el Screen Test Theatre. El guía pidió un voluntario para aparecer en una escena simulada de la serie *Adam-12*. A mi padre no solo le pirraban los procedimentales policíacos, sino que era, mira por dónde, operador de radio de la policía. Así que saltó, brazo en alto. Como era un hombre grandote y con presencia, lo eligieron sin dudar. En su minuto de gloria, mi padre se marcó un numerito de detenido borrachín metido a empujones en el coche patrulla. Por sus desvelos le dieron la opción de comprar la filmación de su actuación en formato super-8. Si mi padre ha visto ese vídeo mil veces, yo lo habré visto mil y una.

El caso es que, la primavera siguiente, mi madre estaba de vuelta en Universal con Kelli, mi prima y un servidor. El *tour* nos llevó por varios éxitos de los platós: las fachadas de piedra de New York Street, un poblado del Oeste con exhibición de especialistas, una atracción de efectos especiales para ver a Moisés abriendo el mar Rojo, una avalancha abalanzándose sobre nosotros dentro de un túnel de hielo giratorio y la visita al despacho-bungalow de Alfred Hitchcock. Más o menos a mitad de la aventura, nuestro grupo se detuvo en una plaza familiar, con su palacio de justicia, su torre del reloj, fachadas de época y un jardincito central. Por allí habían hecho historia directores como Stanley Kramer, Otto Preminger o Rod Serling (*Vencedores y vencidos*, *Anatomía de un asesinato*, los episodios de *En los límites de la realidad* y, quizá la más notable, *Matar a un ruiseñor*) que rodaron escenas en ese territorio exclusivamente cinematográfico, el cual aparecía en el folleto con el nombre de «Mockingbird Square».

Avance rápido hasta 1985: una película, seguramente más famosa que todas esas otras juntas, le aseguraría un nombre nuevo. Como centro de la ficticia Hill Valley, desde entonces sería conocida como «Courthouse Square».

Ojalá pudiera contar que sentí un cosquilleo de premonición, o que la gente del tranvía adivinó quién iba sentado allí, pero no. Yo no era más que un pobre mocoso canadiense, que se chorreaba helado derretido sobre la camiseta, sobre su hermana —que ya no podía más—, y sobre algún que otro turista despistado.

Y entonces llegó el momento: el tranvía nos dejó en el Screen Test Theatre, escenario del *tour de force* de mi padre en *Adam-12*. Esta vez, el decorado era de la serie *Owen Marshall, Counselor at Law*, vehículo estelar para otro canadiense, Arthur Hill. Del señor Hill no había ni rastro porque los actores y el equipo se habían ido a comer. Cuando tocó pedir un voluntario para la demostración, me lancé a los brazos del guía, así que me dieron un par de frases en la escena de un juicio: un crío que es testigo de un hurto menor. Lo bordé. Lástima que mi madre se negara a aflojar los 9,99 dólares del super-8 conmemorativo. Ni siquiera había un dibujante de sala para inmortalizar mi debut. Ninguno de nosotros habría creído que, pocos años después, en el cercano plató n.º 12, yo viajaría en el tiempo hacia mi propio FUTURO. ¡Santo cielo!

Al terminar la visita, fuimos a tomar algo a la cafetería de Universal. Una gruesa cuerda de terciopelo nos separaba del comedor donde almorzaban las estrellas de verdad. Nos emocionó ver a James Garner disfrutando a la vez de una sopa y de un cigarrillo. Yo también cacé con la mirada a un actor joven que me gustaba de *Adam-12*, Kent McCord. Camino de la salida, me acerqué a él, hecho un manojo de nervios. Nadie me detuvo, así que pensé: «Qué demonios». Balbuceé:

—¡Sé quién es usted! Usted es... Randolph Mantooth.

¡No, maldito idiota, cretino! Randolph Mantooth salía en *Emergency!*; este era Kent McCord. Mientras se alejaba, intenté remediarlo:

—¡Señor McCord! ¡Señor McCord! Tengo una historia graciosa. Mi padre actuó en una escena falsa de *Adam-12* y...

Demasiado tarde. Ya se había ido. Da igual. ¿Alguien ha visto a Arthur Hill?

1979

Siete años después —y tras un buen terremoto bajo las placas tectónicas de mi mundo— regresé a Cahuenga Pass. Era la primavera de 1979, y esta vez viajaba con mi padre de copiloto. Condujimos desde Burnaby hasta Los Ángeles con una misión: conseguir agente en Hollywood. Gracias a las buenas críticas que había encadenado en varias obras de Vancouver y a los ánimos de una directora de casting a la que mi trabajo en la serie canadiense *Leo and Me* le pareció prometedor, les planteé mi decisión a mis padres: ¿para qué terminar el instituto si ya estaba trabajando de actor? No les entusiasmó eso de interrumpir mis estudios sin haberme graduado, y a mi madre le preocupó especialmente que, a mis 18 años, me fuera a vivir solo a un país extranjero. Pero no podían discutir contra la lógica de mi empuje. Era el momento de intentarlo.

El viaje con mi padre ayudó bastante a calmar sus miedos. En los primeros días en Los Ángeles hicimos mucho y a mi padre le impresionó cómo me desenvolvía. Firmé con un agente de talentos de Hollywood llamado Bob Gersh, hijo de Phil Gersh, que había representado a Humphrey Bogart. Fui a un montón de audiciones y conseguí segundas entrevistas con gente situada más arriba en la cadena. Incluso conseguí una oferta en firme para coprotagonizar una película de Disney que empezaría a rodarse en junio. Fue suficiente para que papá me dejara quedarme.

Entre reunión y reunión, sacamos tiempo para explorar y divertirnos. Fue emocionante deambular por Hollywood Boulevard, con su dualidad histórica de vicio y fantasía en todo su esplendor. Incluso nos atrevimos a bajar del coche. Yo lo veía no como un centro de decadencia moral, sino como un lugar donde los sueños se cumplen. Mi padre y yo nos pusimos a la cola con los sonrientes turistas para pedir algo en la legendaria C. C. Brown's, la heladería de los años 20 que sale de fondo en *El golpe* y otras pelis míticas. Actualmente ya no existe, pero puedes localizar su antiguo emplazamiento en el mapa del Paseo de la Fama. Si buscas mi nombre y su estrella, estarás en la acera, frente al que fuera el local de C. C. Brown's.

1985

Los años siguientes me proporcionaron un curso intensivo en esa difícil asignatura llamada «Artista muerto de hambre». Fui ensamblando una humilde trayectoria en telefilms y series de bajo presupuesto, aunque el gran momento se me resistía. Pero entonces, justo cuando parecía que mi suerte (y el dinero de la cuenta bancaria) se habían agotado, me ficharon para el episodio piloto de *Enredos de familia*. En 1984, dos temporadas después, la serie era un éxito con todas las letras, y figuraba constantemente en lo más alto de las listas de audiencia Nielsen.

Y esa y no otra es la razón por la cual años más tarde me vi allí, derrengado, en el asiento trasero de ese monstruo devorador de gasolina, conducido por un camionero que me trasladaba desde Paramount, pasando el Cahuenga Pass, rumbo al rodaje de *Regreso al futuro*.

Durante esos trayectos nocturnos que me llevaban de un papelazo a otro y a través de un proceso de transformación, pensé mucho en mis viajes anteriores por esa ruta. En ese momento volvía a los Estudios Universal no como un plasta de crío haciendo turismo, sino como el protagonista de una película de Steven Spielberg. No me lo podía creer. Aún no lo sabía, pero todos los caminos parecían llevarme a Cahuenga Pass y, en último término, a mi futuro.

6

Y ASÍ EMPIEZA

Todo dependía de que yo encajara sin problemas en *Regreso al futuro*. Verme lanzado al rodaje de una película que ya había empezado fue como incorporarme a la lucha en plena batalla sin tener nada claro si saldríamos todos vencedores o chamuscados. Cada cual estaba pasando su propio viacrucis, y la presión sobre los integrantes del equipo para que yo funcionara como Marty McFly era considerable. Se palpaba en el plató. Nadie me preguntó si estaba nervioso (y, si lo estaba, tampoco querían saberlo). Yo intentaba proyectar un aire de seguridad y confianza, pero estaba totalmente acojonado. No dejaba de preguntarme qué pasaba si Zemeckis y Gale habían repetido su error de *casting*.

Martes, 15 de enero de 1985. 19.30 horas
Mi primera noche en *Regreso al futuro*

El rodaje de aquella noche no requería cruzar el Cahuenga Pass, sino un viaje más largo, hasta un suburbio al este de Los Ángeles. Un chofer vino a recogerme cuando terminé la jornada en Paramount y me llevó, cuarenta y cinco minutos después, al aparcamiento del centro comercial de Puente Hills, donde me esperaban Doc y el DeLorean.

El nuevo arranque de la película obligó a cambiar el horario de trabajo de todo el reparto y el equipo para adaptarse a mi disponibilidad, exclusivamente nocturna. Cada departamento cronometraba su montaje y su preparación para tenerlo todo listo cuando mi chófer me dejara en la localización correspondiente. Los ensayos de cámara y los ajustes de luz se hacían con un doble de Marty. La única pieza que faltaba era yo.

En cuanto mi coche entró en el aparcamiento, un pequeño ejército de técnicos y operarios rodeó el vehículo. La segunda ayudante de dirección, Pamela Eilerson se presentó mientras me conducía a la caravana de peluquería y maquillaje. Pam fue mi navegante durante los meses siguientes, llevándome adonde hiciera falta y manteniendo a David McGiffert, que era el primer ayudante, al tanto de dónde estaba y de si ya estaba listo para cámara. Pam era la mano derecha de David, y, a su vez, David era la mano derecha del director y el encargado de coordinar los infinitos detalles del plató. Él y Bob funcionaban totalmente en sintonía.

Menos de una hora después de mi llegada ya estaba listo para rodar mi primera escena en *Regreso al futuro*. Zemeckis repasó conmigo la acción, los de vestuario, peluquería y maquillaje me dieron los últimos retoques, y el jefe de atrezo me puso en las manos la videocámara que debía empuñar Marty. Respiré hondo y salí a plató. Un pequeño paso para Marty McFly, un gran salto para Mike Fox.

A pesar de todo el revuelo con el nuevo vestuario de Marty, en mi primera escena no llevé ni una prenda de esas, sino que iba embutido de la cabeza a los pies en un mono antirradiación de color amarillo chillón. Lo único visible eran mis ojos, pero en ese momento no me servían de mucho, porque el vaho provocado por mi respiración hiperactiva convertía la visión a través de la visera de plástico en algo más propio de *La niebla* de John Carpenter que de *Regreso al futuro* de Robert Zemeckis.

Y... ¡acción! Bueno, más bien inacción porque no veía nada salvo manchurrones grasientos. Para rematar, Marty tenía que grabar a Doc mientras este metía las barras de combustible líquido en la máquina del tiempo del DeLorean, pero los guantes de goma del traje me entorpecían los movimientos y me costaba sostener la puñetera cámara. Solo pensaba: «¿En serio esta va a ser mi presentación en la película? ¡Putos guantes de goma!».

Pasadas unas semanas ya tendría la confianza suficiente con mi director como para soltarle una gracieta justo antes de que sonara la claqueta: «¡Ahora sí que vais a ver actuación!», prometía. Pero en estos primeros minutos, delante de Bob Zemeckis, imagino que lo único que le interesaba era ver alguna señal positiva en el trabajo que yo estaba haciendo.

Por fin, con los cilindros encajados y cargados en la cámara de combustible del DeLorean, Doc le hace a Marty la señal de que puede quitarse la capucha protectora. El aire frío de la noche me abrasó los pulmones, pero lo agradecí: podía volver a respirar y ver algo; dos cosas sin importancia que, de ahí en adelante, me iban a venir bastante bien.

Esa escena del centro comercial tiene una distinción especial: ahí entra en la peli Christopher Lloyd, en el papel de Doc Brown. Hasta ese momento, yo casi no había tratado a Chris. Apenas cruzamos un par de saludos antes de que empezaran a rodar, y no tenía ni idea de cómo había construido su personaje hasta entonces, así que, cuando irrumpió con ese brillo de locura en los ojos y esa dicción frenética, tuve que reprimir la risa y pensé: «Dios mío. Allá vamos».

Entre los muchos talentos de Chris, era brillante explicando el modo en que funcionaba la máquina del tiempo que había inventado y dándole al público la información clave que necesitaba. El trabajo de Doc era aportar la parte expositiva —lo que en el gremio llamamos «construir los cimientos»—, las frases asignadas a un personaje para que explique qué demonios está pasando y ponga los términos encima de la mesa: «¡1,21 gigavatios!». Mi trabajo era mantener el ritmo, meterme ahí con él. No habíamos tenido tiempo de conocernos, pero, como actores, entendimos nuestros papeles al vuelo y conectamos al instante. No lo sabíamos aún, pero la película iba a ser un bombazo.

Actuar frente a Chris fue de las mayores alegrías del rodaje. Si alguna vez te has preguntado por qué Marty y Doc son amigos, Bob Gale ofrece esta pista: «De lo que más orgullosos estábamos Zemeckis y yo era de cómo funcionaba la relación entre Marty y Doc. Al público le encantaba. Es posible que hoy algunos digan: "¿Qué hace un chaval pasando el rato con un tío mayor?". Pero es que Marty McFly es el tipo de adolescente que quiere pasar el rato con alguien así. Para él, Doc Brown es el tío más guay de Hill Valley».

Nuestra localización de aquella primera noche, el aparcamiento del centro comercial de Puente Hills, no estaba en Puente Hills porque ese sitio no existe, sino en la City of Industry, que suena distópico y, créeme, lo parece (además tiene un JCPenney[1]). La verdad es que «City of Industry» es un nombre equivocado, porque todo aquello se levantó so-

1. Famosa cadena norteamericana de artículos minoristas a buen precio. *(N. del T.)*

bre un desierto del sur de California. Y los desiertos, en enero, por la noche, son fríos. Si te fijas bien, verás el vaho salir de nuestras bocas en varias escenas. Muchas veces estábamos tiritando. Yo no me quejaba: ese fresquito me ayudó a mantenerme despierto durante las cinco horas de rodaje que quedaban.

Para la siguiente secuencia, a Doc y a Marty se les une Einstein, el perro de Doc (un formidable bobtail llamado O. J., que, seguramente, había aparecido en pantalla más veces que Chris y yo juntos). Zemeckis nos dio instrucciones a los tres sobre cómo debíamos reaccionar ante la llegada de unos terroristas libios armados hasta los dientes. Los tíos, cabreados, se abalanzan contra nosotros en una furgoneta Volkswagen, ni más ni menos, decididos a cargarse a Doc por haberles robado su plutonio. (¿Confundido ya? No eres el único. La confusión fue mi estado natural durante aquellas noches sin dormir.)

Terminamos poco antes de las 2 de la madrugada. Me metí de nuevo en la ranchera de mi camionero y me hice un ovillo con una almohada y una manta, dispuesto a dormir durante el trayecto de vuelta a casa; pero, claro, me habían momificado en plástico amarillo y me habían disparado unos terroristas asesinos, de modo que tras eso me encontraba demasiado acelerado para dormir. Cambié el batido de proteínas del viaje de ida por una Molson, y pensé en lo que acababa de pasar. Iba construyendo mi representación de Marty sobre la marcha y tenía claro que yo podía ser lo mejor, pero también lo peor que les había pasado a mis compañeros de rodaje. No había término medio posible. Me sentía agotado, sí, pero también excitado y eufórico. La emoción que más temía, el miedo, no había hecho acto de presencia.

Unas horas más tarde, volvería a Paramount para seguir con mi trabajo en *Enredos de familia,* y todo empezaría de nuevo. Sin duda era un plan demencial. Pero era factible.

7

SOY TU HUCKLEBERRY

No tenía ni idea de qué les había parecido a los demás mi primera noche de rodaje, pero me sentía contento con mi actuación, y eso era lo único en lo que podía pensar. Aun así, imaginaba que el resto del equipo había pasado la noche conteniendo la respiración. El productor Neil Canton se llevó una grata sorpresa —y sin duda se sintió aliviado— al comprobar que no había perdido ni a un solo miembro del equipo cuando anunciaron que, en esencia, el rodaje volvía a empezar desde cero. Todo el mundo firmó para quedarse las semanas extra que exigía el nuevo calendario. Tal como me dijo después: «Una vez te subiste al barco, nosotros estábamos lo bastante locos como para intentar que esto saliera bien, así que planificamos el reinicio casi al minuto. Por tu parte, tú estabas lo bastante loco como para trabajar 24 horas al día. Así pues, básicamente, era una locura por otra».

Bob Zemeckis debía de estar de acuerdo porque esto es lo que me contó: «Antes de reunirnos con Sid Sheinberg para pedirle que nos dejara despedir a Eric, ya lo teníamos todo cuadrado. Steven y yo entramos en el despacho de Sid, le explicamos que la película no estaba funcionando y le pusimos el plan sobre la mesa. "Tenemos el calendario ajustado, un presupuesto al día y vamos a contratar a Michael J. Fox porque Gary Goldberg ha accedido a compartirlo con nosotros. —Sheinberg no movió una ceja, así que proseguí—: Por suerte todavía no hemos desmontado el decorado de 1955, por tanto vamos a empezar a rodar otra vez. Michael trabajará de noche y los fines de semana". De repente, mientras se lo estaba contando, Sid se levantó, se puso la americana y salió del despacho. Steven y yo corrimos tras él, hablando sin parar hasta el ascensor. Sid entró, se dio la vuelta hacia nosotros y, mientras se cerraban las puertas, nos soltó: "Estáis locos"».

Y ese fue su «sí». Digno de una escena de película.

Echando la vista atrás, me consta que Zemeckis sabe que algo así hoy sería irrepetible. «Ya sé que sueno a abuelo cascarrabias, pero aquellos días se acabaron.»

Bob estaba tan sorprendido como Neil de que todos los miembros del equipo se hubieran vuelto a apuntar: «Fue una jugada que exigía mucho valor, y yo me temía un motín porque teníamos que repetir cinco semanas de rodaje, pero todos se quedaron. Creo que fue porque les encantaba el proyecto».

Lo cierto es que yo me perdí todas esas dificultades, sin embargo, había una verdad que flotaba en el ambiente cuando llegué al plató: todo el mundo necesitaba que el cambio de Marty funcionara. De lo contrario, la película se iría al garete para siempre.

Mientras yo hacía mis primeras escenas ante el equipo, todas las miradas se volvían hacia David McGiffert. Sabían que, como primer ayudante de dirección, David se había inventado un sistema para leer los estados de ánimo y las reacciones de Zemeckis, así que lo miraban a él para pillar señales. Zemeckis era muy admirado y respetado por el reparto y el equipo, pero tenía su punto de enigma. Era un hombre de pocas palabras y no perdía el tiempo charlando con todo el mundo ni dando explicaciones de más. En sus primeras seis semanas juntos, David lo había estudiado a conciencia (razón por la que era tan bueno en su trabajo) y detectó que tenía unos cuantos tics, que hacía ciertos gestos con las manos que indicaban grados concretos de estrés o de disgusto. En mi primera noche como Marty, Zemeckis se metió las manos en los bolsillos de atrás y ya no indicaron nada.

David me dijo: «Lo que pasó cuando llegaste es que Bob por fin encontró a su compañero. Se veía que después de todo lo que había pasado, estaba haciendo la película que quería hacer».

Y Bob Gale lo confirmó: «Después de tu primera toma se respiró un alivio general, casi euforia. Todos decían: "Dios mío, es Marty. Ha clavado al personaje del guion". Fue alucinante, la verdad». Mirándolo hoy, Gale reflexiona: «Muchas veces me preguntan cuál es mi momento favorito de *Regreso al futuro*, y siempre contesto que se trata de la primera noche que Michael J. Fox vino a trabajar. Toda aquella odisea nos hizo a Bob y a mí muy humildes, en plan, vale, esta es la finísima línea que separa el éxito del fracaso. Porque, de no ser por esa decisión, no estaríamos hablando de esta película cuarenta años después. Un montón de cosas no habrían ocurrido. Te explota la cabeza cuando te paras a pensarlo».

Chris y yo rodamos 15 páginas de guion (cinco noches no consecutivas del plan de trabajo) en el centro comercial de

Puente Hills que, en la película, se llamaba centro comercial Twin Pines (dos pinos) pero, tras las alocadas maniobras al volante de Marty, pasó a llamarse centro comercial Lone Pine (un único pico). La mayoría de esas escenas ya se habían rodado con Eric, pero conmigo tuvimos que rodarlas otra vez.

Empezar de nuevo obligaba a hacer malabares con el calendario, a menudo supeditado al acceso a localizaciones previamente contratadas. Por eso, entre mi primera noche en el centro comercial y lo que quedaba por filmar allí, el equipo tuvo que colar otra localización.

Las dos noches siguientes (miércoles y jueves) nos trasladamos a las afueras del Valle de San Fernando para la llegada de Marty a 1955 y el posterior empotramiento del DeLorean en el granero de los Peabody. Rodamos en el Golden Oak Ranch, de Newhall, que Disney alquilaba con frecuencia a otros estudios. Yo ya conocía el sitio porque, nada más llegar a Los Ángeles, me dieron un papel minúsculo —el de Willy-Joe— en la efímera serie de Alex Haley y Norman Lear, *Palmerstown, U.S.A.* El rancho hacía de pueblo de Tennessee durante la Depresión para los exteriores de aquel drama de la CBS.

Nuestra localización para *Regreso al futuro* añadía una hora más a mi trayecto desde Paramount. Mi nuevo archienemigo, el maldito traje antirradiación, me acompañó a Newhall. Era aparatoso y caluroso. Las gotitas de sudor que me perlan la frente no son maquillaje: son auténtico sudor de Mike.

Como actor, pocas cosas disfruto más que una caída cómica en toda regla, y en el granero de los Peabody pude ejecutar dos. Es un gustazo meterse físicamente en un personaje porque es algo que los diálogos no siempre permiten.

Si está bien orquestada, una buena caída vale más que mil palabras.

Zemeckis bloqueó la acción para regalarme unas risas en el momento adecuado. Cuando salgo del DeLorean, embutido en mi traje amarillo, el granjero Peabody y su familia me confunden con un extraterrestre y retroceden, asustados. Yo intento seguirlos, pero entonces tropiezo con una bala de heno y se me levanta la visera. Eso me da la oportunidad de poner cara de «pero qué coño», un remate cómico añadido al momento. A continuación, me dirijo tambaleándome hacia la asustada familia, pero el granjero saca una escopeta y me descerraja dos tiros (está claro que, a ojos de terroristas libios y granjeros, el traje amarillo debía de hacerme parecer un patito de goma en una galería de tiro). Yo pego un brinco hacia atrás y me escurro de nuevo por la puerta del granero, mi segunda torta en dos segundos.

Trabajar en una película no siempre es glamuroso, sobre todo tarde, de noche y con temperaturas casi bajo cero. Aquel día me tocó esperar un buen rato mientras los cámaras y los electricistas arrastraban el equipo de un plano a otro. El resto nos arremolinamos junto a la mesa del catering, con su surtido rotatorio de picoteo. Hacia medianoche, el cocinero sacó unos cuencos de chili humeante y otros bocados tentadores. Estaba tan embotado por el frío y el cansancio que solté: «Guau. ¿Todo esto es gratis?». Sí, lo dije en voz alta. Me temo que fue la falta de sueño la que hizo que surgiera mi versión de actor sin un céntimo, ese que no hacía tanto rescataba galletas del día anterior en los contenedores de detrás de las panaderías.

Terminamos las escenas del rancho a la una y media de la madrugada y me preparé mentalmente para mi trabajo número uno, pues los viernes eran territorio exclusivo de Alex P. Keaton. *Enredos de familia*, como todas las *sitcoms* grabadas, seguía un calendario de cinco días por episodio. Ensayábamos de lunes a jueves y grabábamos con público los viernes por la noche. El acuerdo entre Gary y Steven garantizaba que yo me quedaba en Paramount los viernes por la tarde-noche, hasta terminar la grabación, obligando al equipo de *Regreso al futuro* a aprovechar esas horas en las que yo no estaba para filmar insertos, contraplanos y cualquier material en el que no apareciera Marty. Aun así, tenía que presentarme en la película cuando acababa *Enredos de familia*, alrededor de medianoche.

El lunes siguiente, por la tarde-noche, el equipo de *Regreso al futuro* volvió al centro comercial de Puente Hills para rodar las escenas pendientes. Primera de la lista: la llegada nocturna de Marty al aparcamiento para reunirse con Doc. Zemeckis y Gale le habían dado a Marty un monopatín como medio de transporte, y eso me encantaba. Yo era un *skater* bastante apañado, ya que me había pasado media infancia y adolescencia encima de una tabla. No era un profesional, pero sabía qué hacer y, además, que pareciera fácil. Por cierto, Tony Hawk, el mejor *skater* de todos los tiempos, es fan declarado de *Regreso al futuro*, y se ha puesto en contacto conmigo varias veces. Los suyos son un tipo de mensajes que siempre me hacen ilusión.

Para ese plano inicial, Marty debía mostrar abiertamente su carácter desenfadado. Va masticando algo y escuchando música en su *walkman* mientras baja la cuesta en monopatín hacia la camioneta de Doc. Aunque el equipo había aumentado la dificultad empapando el asfalto (truco clásico de los rodajes nocturnos para que el suelo refleje la luz), tenía que verse natural. Me subí a la tabla y me eché un pelín hacia atrás decidido a no besar el suelo mojado. Llegué a mi marca zigzagueando y clavé una parada rápida. Luego, me quité los auriculares de espuma ochenteros y rematé haciendo que la tabla saltara a mi mano de una patada (vistoso, pero vamos, de primero de *skate*).

Una secuencia así, dentro de una escena mayor, ocupa solo unos pocos segundos en pantalla, pero me obligué a que cada uno pareciera auténtico. Esa era mi pauta: currar y hacer todo lo que me pidiera el personaje. Tenía que dar la talla en *Regreso al futuro*. A pesar de que iba escaso de sueño mientras hacía el papel más importante de mi carrera, estaba dispuesto a darlo todo. Cada toma debía ser la buena.

Algo en esta película se notaba diferente desde el minuto uno. El nivel técnico era muy alto y estaba muy por encima de cualquier cosa que hubiera hecho anteriormente. Esa primera noche, me dejó flipado la precisión con la que el director de fotografía, Dean Cundey, y su equipo de iluminadores y electricistas, había iluminado el set. Cada rincón de aquel enorme aparcamiento estaba preparado, con sus zonas de oscuridad y de luz, incluso las del fondo de todo. «Esto tiene que ser caro», pensé. Tanto equipo. Tanto personal. Una sola noche de rodaje en ese aparcamiento seguramente costaba lo que un episodio entero de *Enredos de familia*.

Empezaba a resultarme obvio que *De pelo en pecho*, rodada unos meses antes, no iba a ser precisamente mi obra magna. Un día, en aquel set, el encargado de atrezo me hizo posar con una tableta de chocolate, para poder enseñarle al fabricante que nos proveía de aquel producto que de verdad lo usábamos en la película. Cubierto de pelo de yak, le dije que me sentía como un mercenario. El de atrezo me contestó: «Claro, es lo que eres».

Ese recuerdo resaltaba aún más frente al equipo que me rodeaba en *Regreso al futuro*. En una de las escenas del centro comercial de Puente Hills, a Bob Gale se le ocurrió que Doc calibrara el DeLorean con un diapasón. Zemeckis miró al jefe de atrezo y le preguntó si por casualidad tenía uno en el camión (como quien pregunta la cosa más normal, aunque no hubiera nada parecido en el guion). Diez minutos después, el tipo apareció con un diapasón que acababa de tornear en su taller de carpintería improvisado y que había pintado a pistola para que pareciera de metal. «¿Habéis hecho esto de madera? —se rio Bob—. Está perfecto.»

Al final, Zemeckis no lo usó, pero su aparición exprés me dejó boquiabierto. Uno de tantos milagros cotidianos en el set de una peli de Spielberg.

Me comprometí a estar a la altura. Me encantaba sorprender a Bob con un gesto, un movimiento, o incluso una improvisación que se me ocurría para Marty. Sabía que había dado en la diana si pasábamos a la siguiente escena o si le oía decir: «Bien, Michael. Bien».

En honor a Bob Z., a Bob G. y a todo el equipo, debo decir que entendieron perfectamente por lo que yo estaba pasando y fueron muy sensibles con ello. Me vieron esforzarme, pero también me vieron acertando con mi papel. Por mi parte, nunca me quejé de las horas. En los vídeos del *making of* que rodó el Departamento de Prensa de Universal, salgo feliz incluso a las tres de la mañana. Esa era mi actitud. Esa película lo era todo para mí.

Al cabo de unos días, incluso Bob Zemeckis empezó a respirar, aliviado. Unas semanas antes, lo había dominado un sentimiento muy distinto. «La noche en que le anuncié al equipo que, básicamente, íbamos a tener que rodar todo desde cero, crucé a la otra acera del centro comercial de Puente Hills y llamé a mi mujer desde una cabina. "Cuando termine esta película, nos mudamos a Alaska, porque esto es el final. Mi carrera se ha acabado", le dije.» Sin embargo, a medida que fueron pasando los primeros días del reinicio, Bob se sintió mucho más optimista. «Fue un alivio absoluto —afirmó—. Y, además, mi montador, Artie Schmidt, me aseguró: "Lo estamos consiguiendo. Michael está genial, y seguro que ahora la peli va a funcionar".»

Yo no sabía nada de esto, hasta que alguien del equipo me lo comentó en voz baja. Fue Nancy Hansen, la supervisora del guion de *Regreso al futuro*, que tenía una tarea imposible: vigilar la continuidad de una película donde había que empalmar mis planos con todo lo ya filmado con Eric Stoltz. Durante mi primera semana, Nancy me dio justo el empujón que necesitaba: me dijo que se había producido un vuelco de ánimo durante el pase de *dailies* y que ahora había risas en la sala. Director, productores, ayudantes y montadores se reían a carcajadas (en el buen sentido) por cómo interpretaba a mi personaje. Nancy añadió: «Es su manera de reaccionar al estupendo trabajo que estás haciendo».

«Estupendo.» Sonreí y dejé que la palabra penetrara en mi cerebro.

A los dieciséis,
soy mi propio
ayudante de sonido.

Andy Hill y yo con nuestra banda, Hallex,
tocando en el sótano de la iglesia.

Mi debut en el escenario,
en el Vancouver Arts Club
Theatre (con mi guitarra,
naturalmente).

En el episodio piloto de *Enredos de familia*. «Al habla Alex P. Keaton».

Os presento a la familia Keaton: Michael Gross, Meredith Baxter, Tina Yothers, Justine Bateman y yo.

Gary David Goldberg, el paterfamilias de *Enredos de familia*.

Notas para el reparto durante los ensayos.

Gary, Meredith, el guionista Lloyd Garver y yo en medio.

En la cocina de casa Keaton, con Michael y Meredith.

Un año antes de *Regreso al futuro*, Crispin Glover y John Putch fueron las estrellas invitadas del episodio «Birthday Boy» de *Enredos de familia*.

La banda que formamos los integrantes de *Enredos de familia*, con los guionistas Marc Lawrence a la guitarra y Michael Weithorn a la batería.

Mi primera escena en el papel de Marty McFly.

Marty y su querido Doc, Christopher Lloyd, en llamas y dispuestos a todo.

Con Meredith durante la grabación de *Enredos de familia*.
Esa fue la semana en la que empecé a trabajar
simultáneamente en *Regreso al futuro*.

Charlando con Bob Gale en el plató de Hill Valley, alucinando todavía por el altísimo nivel de producción de *Regreso al futuro*.

Steven Spielberg, en su condición de productor ejecutivo, durante una de sus frecuentes visitas al rodaje de *Regreso al futuro*.

El director, Bob Zemeckis, conmigo. Detrás, el guionista y productor Bob Gale, y los productores Neil Canton y Steven Spielberg.

Intentando que no se me escape la risa.

En la escena de la audición de la banda de Marty, los Pinheads. Empezando por la izquierda: Robert Zemeckis, Huey Lewis, Bob Gale, Neil Canton, el productor ejecutivo Frank Marshall y el director de fotografía, Dean Cundey.

Primeras lecciones sobre cómo viajar en el tiempo.

Claudia Wells, en su papel de Jennifer.

Sufriendo al volante del DeLorean.

Muchos Bob. Mi agente, Bob Gersh (a la izquierda) y el director, Bob Zemeckis.

El vestuario de Marty 2.0
(un conjunto que veo
a menudo en Haloween).

Lorraine reconoce a su romeo, Calvin Klein.

Esa mirada seductora de Lea Thomson.

«¡Cuidado, que cruzo!»

Biff (Tom Wilson), atormentando al pobre George, ante la mirada de su pandilla.

8

A DONDE VAMOS... NO NECESITAMOS ENSAYAR

Llegué a *Regreso al futuro* sin tiempo para sentirme fuera de lugar con mi papel. Los productores de la película me habían entregado una hoja en blanco sin concederme el lujo de un ensayo previo. A mí me tocaba llenarla, en el mejor de los casos, con lo que ellos tenían en mente. El guion ofrecía un retrato estupendo del personaje de Marty, pero el detalle fino dependía de mí.

Sabía que tenía que dotar a Marty de esa cosa que llaman «comicidad», y eso lo tenía controlado. Además, debía hacerlo ágil, de modo que me puse a atravesar escenas a toda pastilla; a saltar, deslizándome por el capó de un coche, o a agarrarme a una camioneta en marcha para arrastrar a Marty en monopatín. Todo eso estaba dentro de mi caja de herramientas. Spielberg era famoso por sus películas de alto concepto y alta energía (véanse, si no, *Tiburón*, *Encuentros en la tercera fase*, *E. T.*, *Indiana Jones, en busca del arca perdida*), y *Regreso al futuro* pertenecía, sin duda, a esa categoría. Yo sabía que podía con la parte física de la acción y la comedia que requería la peli. Rebotaba en las paredes con facilidad, de modo que decidí lanzarme. Ya vería después dónde caía mientras bajaba.

Mi confianza como actor siempre me fue útil. En Canadá, en décimo curso, cuando me citaron para la audición de mi primera serie de televisión, *Leo and Me* (yo hacía de ese *Me*), lo supe en las tripas: el papel era mío. Mi profe de teatro, Ross Jones, me propuso para el papel, y a mí me impulsó su fe. Por la misma época, mi profe de mates de refuerzo me mandó al despacho del director por una infracción (llegar tarde, no hacer los deberes, discutirle la nota, cualquiera de esas cosas o todas a la vez). Al pasar por la puerta abierta del aula de teatro, oí al señor Jones hablando de mí con sus alumnos: «Este chaval tiene lo hay que tener —les decía—. Deberíais conectaros a su energía». Era exactamente lo que necesitaba: un profesor que creyera en mí. Le debía dos trabajos atrasados, y aun así tenía buena opinión de mí. Su apoyo me empujó hacia el éxito profesional del que luego disfruté.

Incluso en mis años de artista sin un céntimo, afrontaba cada audición con una pizca de altanería. A los pocos días de aterrizar en Hollywood, mi nuevo agente ya me estaba mandando a todo tipo de pruebas. Recuerdo haber mirado al resto de actores en la sala de espera y pensar: «¿Por qué voy a tener éxito yo y ellos no?».

A pesar de todo mi optimismo, aquellos primeros años en Hollywood me dieron motivos para replantearme más de una vez mi carrera de actor. Aparecer en una audición rebosante de seguridad en mí mismo no significaba que me dieran el papel; de hecho, normalmente no me lo daban. Cosas de la vida de un actor. Como novato en Los Ángeles que era, me zurraron por todos lados y estuve a punto de tirar la toalla. Pero, de algún modo, me aferré a la convicción de que esta profesión era lo mío. Si había sobrevivido esos años, sobreviviría a cualquier cosa.

Eso explica mi decisión de darlo todo en *Regreso al futuro* y por qué no tuve inconveniente en compaginar ese papel con mi trabajo a tiempo completo en televisión. Lo fácil del acuerdo era el doble turno. No me asustaba porque simplemente era lo que me tocaba hacer. El reto de verdad estaba en convencer a los equipos creativos de *Enredos de familia* y de *Regreso al futuro* de que a cada uno le estaba dando todo lo que tenía.

Un actor con cualquier otro nombre

Cuando me incorporé a *Regreso al futuro*, lo hice con una mosca detrás de la oreja: ¿y si me dejaban en evidencia? Resultó que Lea no era la única que dudaba de mí. Durante mis primeros días de rodaje no hubo palmadas en la espalda ni abrazos de bienvenida del equipo porque seguían en *shock* por la salida de Eric. «¿Esto va en serio? —se preguntaba Lea—. Si pueden prescindir de un actor a mitad de rodaje, entonces pueden hacer lo mismo con cualquiera.» Para más inri, mi llegada descolocaba la jerarquía habitual entre los actores, que pone en lo alto a los de teatro, seguidos por los de cine, los de televisión, y por último por los aparecen en publicidad y figuración en vídeos corporativos o educativos. Yo había sido todo eso en algún momento, pero en el plató de *Regreso al futuro* todos me veían como un actor de comedias de televisión, cosa que me ponía en situación de inferioridad. No me recibieron con trompetas el día en que aterricé en pleno rodaje de su película, cuando el reparto ya había hecho piña con un actor de cine de verdad. Educados y correctos, sí; especialmente cálidos, no. Lea reconoce ahora cierta superioridad: «Yo iba de estiradilla contigo porque era actriz de cine y tú, de tele. —Se ríe al recordarlo—. Obviamente, era un punto de vista estúpido».

Los criterios que separan a una estrella de cine de una estrella de televisión son pura percepción. A cada una se la mira desde una altitud distinta. En teoría, no deberían considerarse menos importantes los actores de tele que las estrellas de cine, ya que ambos medios gozan de la misma fama. Pero eran los años 80, y los actores de tele NO eran los de cine. Gente muy popular en televisión —David Hasselhoff, Tony Danza, Scott Baio— no estaba dando el salto al cine. A la inversa, hoy tenemos unos medios donde los de cine hacen tele y viceversa, sin prejuicios ni actitudes de superioridad.

A comienzos de 1985 yo solo había salido en unas pocas pelis menores (*De pelo en pecho* todavía no se había estrenado). Mi currículo incluía *Curso 1984* y *Locuras de medianoche*, ambas de calidad dudosa e igual de olvidables, tanto que ni yo mismo me consideraba actor de cine. Y eso que, ironías del destino, me había mudado a Los Ángeles con la idea de hacer cine porque tenía una actitud despectiva hacia la tele. Pero cuando aterricé en *Enredos de familia*, me sentí agradecido por el simple hecho de trabajar para la gran pantalla. A punto de entrar en la liga de las estrellas de cine, sabía que la experiencia, disciplina y oficio que había ganado en esos tres años de *Enredos de familia* iban a ser mi clave para triunfar en el mundo del cine.

9

SOMOS UNA FAMILIA

Para mi decimoctavo cumpleaños, en 1979, mi madre encargó en Safeway una tarta de gelatina con forma de Mickey Mouse que, en realidad, era tanto una referencia a mi despedida de la infancia como al mundo laboral en el que estaba a punto de entrar. Fue mi último cumpleaños en casa, y lo celebramos con un pícnic en Queen's Park, en New Westminster (Columbia Británica), con el perfil montañoso del cercano estado de Washington al fondo. Al día siguiente me mudaba a Los Ángeles para empezar a rodar una película de Disney (de ahí la tarta con orejas de ratón), un curro que había conseguido unas semanas antes, durante el viaje con mi padre a la ciudad. Alquilé un miniapartamento y volví a Canadá para hacer la maleta y preparar la mudanza.

Una vez instalado en un apartamentucho situado en el peor barrio de Beverly Hills, se hizo evidente que no estaba capacitado para tomar las decisiones que más me convenían. Además de contratar a mi agente de Hollywood, me convencieron para que firmara con otro representante que, a su vez, me sugirió contratar a un contable. El caso es que entre ambos se llevaban un pellizco adicional de mis ya magros ingresos (un 40 por ciento en total). La primera idea que se le ocurrió a mi contable fue recomendarme que alquilara su coche deportivo usado, un Porsche 924 (algo así como el Ford Pinto de los Porsche), que no podía permitirme. Al final, lo devolví, lo que me obligó a pedir coches prestados a amigos o, más a menudo, a ir en autobús a las audiciones.

Al principio trabajé bastante seguido, lo justo para no tener que hacer de camarero, aunque en ningún caso podría haber sido camarero ni ayudante de caja en Ralph's ni gasolinero en Exxon. Tenía un permiso de trabajo, pero me lo habían concedido porque los productores argumentaron que yo era especial y único en Estados Unidos: lo bastante mayor para trabajar como adulto, pero con un aspecto que me permitía interpretar personajes mucho más jóvenes.

Me gastaba lo que ganaba... y más. Pese a las oportunidades, empecé a autosabotearme; o, dicho de otra forma, empecé a comportarme como lo que era: un adolescente. Al fin y al cabo, mis amigos de casa seguían en el instituto.

Uno de mis primeros apartamentos se encontraba en la única zona de Brentwood de la que nadie presume (cerca de Sawtelle y Wilshire) y lo compartía con Brian, Andy y Trip, tres chavales de Maine que estudiaban en UCLA. Pertenecían a una fraternidad, pero aún no vivían allí. Yo me unía a ellos como colega de juergas y aprovechaba para experimentar toda la diversión de la vida universitaria sin el pesado trabajo académico. Salir de fiesta me ayudó a paliar la soledad de mudarme a Estados Unidos, pero hacer amigos en Hollywood fue más difícil de lo que esperaba.

Entre un curro de actor y otro, fumaba demasiado y bebía a lo loco. Me atraía de forma natural el riesgo, y me metí en situaciones peligrosas demasiadas veces. Cuando cumplí los 20 años, me había convertido en un peligro para mí mismo. Por alguna razón, tenía el ridículo convencimiento de que siempre sería capaz de salir vivo de cualquier situación. Al final, resultó que era simplemente un ingenuo con suerte.

Mi confianza en mí mismo —o más bien mi chulería— me siguió llevando de audición en audición... hasta que dejó de hacerlo. Cuando hice la prueba para *Enredos de familia*, casi tres años después de llegar a Hollywood y seis meses después de quedarme sin un duro, estaba desesperado. Me pasaba el día esquivando al casero y hurgando en los contenedores de los restaurantes para comer algo. Era mi última oportunidad. O conseguía un trabajo con sueldo fijo o me volvía a Canadá a recoger clavos en la empresa de construcción de mi hermano. El hecho de necesitar tanto el trabajo acabó socavando la seguridad en mí mismo hasta el punto de que, por esas fechas, hice una prueba para una obra que, en realidad, me interesaba mucho más que *Enredos de familia*. Pero no había vuelta de hoja: lo que necesitaba de verdad era ese dinero de la tele.

Gary David Goldberg no cayó rendido ante mi primera audición para *Enredos de familia*. Por suerte, la directora de casting, Judith Weiner, se mantuvo firme a mi favor y me animó a aguantar. Convenció a Gary para que me hiciera otra prueba, y esta vez me juré ganármelo. Como cuenta Gary en su libro *Sit, Ubu, Sit*: «Mike empezó a leer la escena y enseguida se hizo evidente, incluso para mí, que era el Alex Keaton ideal. Era gracioso, listo, encantador, con la dosis justa de bravuconería. Era todo lo que podía soñar, empaquetado en un chaval muy mono. Le di las gracias por su tiempo y cuando se fue, me volví hacia Judith Weiner y le pregunté: "Este chico es buenísimo. ¿Por qué no me has hablado de él?"».

Por fin, Gary me quería para el papel de Alex. Pero había un problema, y gordo: los de la NBC no estaban muy impresionados conmigo, en parte porque el presidente de la cadena, Brandon Tartikoff, pensaba que yo era demasiado bajo para interpretar verosímilmente al hijo de Michael Gross. (Contestación de Gary: «No sabía que ahora eligiésemos a los actores por su altura. ¿Llamamos a Wilt Chamberlain[1]?».) Brandon insistía porque dudaba de mi tirón televisivo. A esas alturas, mis mejillas infantiles habían desaparecido y, en su lugar, me habían salido pómulos. Mi aspecto había cambiado hacia eso que las chicas llamaban «mono», pero no era el clásico guaperas de *sitcom*, lo que inspiró la famosa profecía de Tartikoff: «Nunca verás la cara de ese crío en una fiambrera[2]». Mucho más tarde, en la cuarta temporada, cuando el éxito de *Regreso al futuro* elevó aún más las audiencias de *Enredos de familia*, pedí a los de atrezo que me fabricaran una fiambrera con mi cara en la tapa, en plan chulo, y se la mandé a Brandon con una notita dentro:

Esto es para que te comas tus palabras.
Con amor y besos,
Michael J. Fox

Al final Gary ganó el pulso para que yo fuera el hijo de los Keaton. Se convirtió en mi paladín y, jugándose valientemente el todo por el todo, declaró que sin Mike Fox no había *Enredos de familia* y que estaba dispuesto a irse de la serie. Yo no alcanzaba a entender plenamente lo que eso

1. Jugador de baloncesto norteamericano, famoso por su estatura de 2,16 metros. *(N. del T.)*

2. Alusión a las fiambreras decoradas con las caras de sus actores favoritos, que muchas chicas en esa época solían llevar al instituto. *(N. del T.)*

significaba, pero al menos comprendí que en Hollywood no estaba acabado.

Mi trabajo en el episodio piloto, con gestos y giros vocales que no había usado nunca, marcó el tono de Alex. Sin calcularlo, encontré un registro distinto para mi personaje. Tras un ensayo temprano, me volví hacia uno de los productores, Lloyd Garver, y le comenté sobre mi timbre voz: «Lo siento, no sé de dónde ha salido eso». Lloyd me puso la mano en el hombro y me dijo: «Estás en racha, chaval. Tira».

Años después encontraría otro tono de voz para Marty McFly, más agudo e incrédulo («Doc, ¿me estás diciendo que has construido una máquina del tiempo... con un DeLorean?»). Cuando era un chaval, en los años 70, sentía una extraña adoración hacia el cine clásico, y me pasaba horas internalizando los ritmos, el habla y los gestos de los años 20, 30 y 40. En *Regreso al futuro* parecía estar canalizando a W. C. Fields. De vuelta a casa, tras rodar la escena del DeLorean, hice inventario mental del trabajo de aquella noche. En general estaba satisfecho, pero me confundía ese chirrido de mi voz. ¿Qué demonios había sido eso? Como actor, las decisiones que tomas sobre la marcha se quedan adheridas al personaje para siempre.

Temporada de novato

Cuando en 1982 por fin Brandon decidió hacerle un hueco a *Enredos de familia* en la programación de otoño de la NBC, empezamos el rodaje de los trece episodios iniciales, un encargo prudente para cualquier primera temporada. Los nueve últimos que debían completar la temporada no se autorizarían hasta que la serie tuviera éxito entre el público.

Basada a grandes rasgos en la familia de Gary y su mujer, Diana Meehan, *Enredos de familia* presentaba a unos padres *ex hippies* que, en los años 80, tenían que educar a unos hijos mucho más conservadores que ellos. En principio, la serie iba a verse más desde la perspectiva de los padres.

Grabábamos cada episodio ante el público que asistía en directo en el estudio. Esos espectadores que se sentaban en las gradas, semana tras semana, eran los mismos que después verían *Enredos de familia* en casa, y se convirtieron en nuestros primeros fans entusiastas. Tras el primer mes de emisión en la NBC, Brandon le entregó a Gary un montón de estudios de audiencia y fue el primero en admitir que se había equivocado conmigo. «Tienes un genio en una botella con Michael Fox. Resulta que incluso a la gente que no le gusta la serie le gusta Mike. Llega a todas las edades y a ambos géneros.» Su siguiente petición le planteó a Gary un dilema: «En la NBC nos gustaría que el peso de la serie pase más a Alex. Más a los chicos».

Claramente, aquellos estudios de audiencia eran una buena noticia para mí, pero ni Gary ni el estudio ni nadie los compartieron conmigo. Cuando descubres que tienes un cisne entre manos, lo que pretendes es que tu cisne siga pensando que no es más que un pato con suerte. En cualquier caso, aquello no cambiaba nada con carácter inmediato porque yo iba a hacer lo mismo, le gustara o no a la gente de Peoria. Si me preocupaba la buena opinión de alguien, era la de mis compañeros en *Enredos de familia*, Meredith Baxter y Michael Gross. Eran gente estupenda y unos compañeros maravillosos, pero serían los primeros en admitir que no les hacía especial gracia que la serie que habían firmado para protagonizar (esto, sobre todo, le pasaba a Meredith) hubiera sido secuestrada por un listillo bajito venido de Canadá.

Aun así, Meredith y Michael fueron más que amables conmigo. Sonrío al recordar los primeros días de la primera temporada, cuando yo era crónicamente impuntual, y Meredith se ofreció a llevarme con su coche para llegar a tiempo. En mi defensa: iba al trabajo en autobús, porque no tenía medios para algo más fiable. Meredith se convirtió en una presencia estable en mi vida, reflejando su papel de madre en la serie. Cada mañana aparecía por el callejón de detrás de mi piso con su Mercedes amarillo canario, tocaba el claxon y me esperaba mientras yo salía tambaleándome, remetiéndome la camisa o apretándome el cinturón por el camino. Me llevó al trabajo hasta que pude comprarme un Honda Prelude al final de la primera temporada.

Visto retrospectivamente, resulta notable que Meredith y Michael no fueran mucho mayores que yo. Habían nacido el mismo día del mismo año y tenían 35 años cuando empezó el rodaje. Yo tenía 20. Eran profesionales hechos y derechos —Meredith había estado nominada al Emmy, mientras que Michael era un actor clásico salido de Yale Drama—. Resultaba evidente que su visión de *Enredos de familia* y de hacia dónde iba la serie era distinta de la mía. A medida que el personaje de Alex ganaba importancia, intenté desviar la atención del público hacia Meredith y Michael siempre que pude. Puedes decir que era fruto de mi educación, que se me había inculcado la importancia del juego en equipo. O puedes llamarlo pillería: matarlos con tu amabilidad. En cualquier caso, estaba encantado de estar allí y no daba nada por sentado.

Alex P. Keaton

Muchas de las mejores escenas de Alex transcurrían con su hermana, Mallory, interpretada por la brillante y magnética

Justine Bateman. En el primer acto del episodio piloto, Alex y Mallory se enzarzan en un tira y afloja por el teléfono de casa y, cuando le arrebato el auricular, suelto: «Alex P. Keaton al habla». ¿De dónde salió esa «P»? Ni idea. Fue una improvisación, una morcilla en toda regla, pero como hice reír al público, ahí se quedó.

La tensión entre Alex y Mallory no reflejaba la vida real. En escena, los dos personajes siempre andaban a la greña, pero como actores —y como personas— Justine y yo teníamos una sintonía especial. Nos hicimos muy amigos. Para Justine, «trabajar juntos era facilísimo, éramos como dos piezas que encajan».

Justine siempre estaba aprendiendo, dispuesta constantemente a lo que hiciera falta para hacer reír. Sin embargo, muy a menudo esas risas eran a costa de Mallory, a causa de las pullas que Alex le soltaba sin piedad. Según ella, «mi personaje siempre tenía que encajarlas y poner los ojos en blanco o algo así, pero empezó a molestarme tener que aguantar aquello continuamente. Y pensé: ¿y si a Mallory no le parece un insulto? ¿Y si, cuando Alex la pica, ella responde: "Gracias"? Eso lo descolocaría y seguro que me diría que era un insulto y que no podía tomarlo como un cumplido». Justine aplicó esa técnica por su cuenta, dándole una vuelta al diálogo que, seguramente, los guionistas no habían previsto. Pero, oye, funcionaba, y su personaje no tardó en evolucionar en esa dirección.

Justine tenía un argumento muy válido. Alex podía ser un tonto pomposo, un bocazas, un imbécil. Cuando Gary creó el personaje, muchos rasgos de Alex eran potencialmente un lastre: su conservadurismo chocaba con el liberalismo de sus padres; su enfoque materialista en el éxito económico iba a contracorriente de la manera de ser tan bohemia de la familia. Por eso sorprendió tanto que el público —sobre todo los adolescentes de la edad de Alex— se identificaran tanto con él.

La clave, para mí, de la caída en gracia de Alex fue encontrarle el encanto a su lado oscuro: enseñar su corazón.

Os daré un dato poco conocido de *Enredos de familia*: Tina Yothers, que hacía el papel de la hermana pequeña, Jennifer, fue la primera actriz contratada para el piloto. Gary la vio en la peli de Albert Finney *Después del amor*, y le encantó. Con 9 años, la voz grave de Tina desmentía lo menuda que era. Sonaba como si se fumara un paquete al día.

Justine, Tina y yo desarrollamos una cercanía que parecía más propia de unos hermanos de verdad (lazos familiares, en inglés *family ties*[3], quién lo diría). Ninguno de nosotros teníamos expectativas ni un sentido de derechos adquiridos por estar en la serie, solo gratitud por la respuesta de la gente. Aunque a mí me resultaba más fácil lidiar con la fama, nos ayudamos mutuamente a esquivar las trampas de la celebridad. En cuanto a si a la cadena le preocupaba mi altura, ¿qué me dices del hecho de que ninguno de los hijos Keaton se parecía a los demás? Yo era chaval moreno de Medio Oeste, Justine una belleza maltesa, y Tina parecía una de esas muñecas Cabbage Patch que hubiera cobrado vida propia.

3. Nombre original de la serie *Enredos de familia*. *(N. del T.)*

10

MARTY RECUPERADO

No hay una «manera correcta» ni una «manera equivocada» de que un actor interprete un papel. En *Regreso al futuro*, mi Marty fue simplemente distinto del de Eric Stoltz. No me corresponde ni es mi intención hablar en nombre de Eric porque no estuve allí. Solo puedo comentar su versión de Marty en función de lo que vivieron otros y por sus comentarios. Tengo entendido que el Marty de Eric era más sombrío que el mío y estaba más enfocado a través del prisma de la realidad alterada que vive Marty al final de la película.

Entiendo en qué se basaba. Se puede argumentar que, cuando Marty vuelve al futuro, su 1985 queda alterado para siempre. Todo ha cambiado con respecto a la versión de la que partía al principio, y él es el único responsable de esa alteración porque le dio a George los medios para plantarle cara a Biff, poniendo a su padre en la senda de la confianza y el éxito al cambiar la dinámica de poder entre él y su némesis. Al final, la carrera de George como escritor, su fantástico matrimonio con Lorraine y la mejora en la calidad de vida de la familia podían entenderse como una tragedia para Marty, ya que él únicamente recordará la versión perdedora de su familia y vivirá una realidad diferente a la del resto, sin sus recuerdos compartidos ni la misma experiencia feliz.

Como dice Lea, Eric puso el foco en ese desenlace: «Eric tenía razón en el sentido de que había una tragedia, porque al final de la película todos los personajes tienen un pasado distinto, así que todos ellos recuerdan cosas que Marty no ha vivido».

Eso justificaría un enfoque distinto para las situaciones de 1955, como la escena «Calvin Klein» en el dormitorio de Lorraine. Lea recuerda cómo la primera vez todos interpretaron esa secuencia con cierto temor y un toque de tristeza y adoptó el enfoque de Eric, lo que creó una dinámica muy distinta y dio otro tono a su relación en la película.

Lea se dio cuenta enseguida de que yo pretendía ir por otro lado. Interpreté el guion de una manera concreta en el sentido de que, para mí, esta película era la clásica comedia disparatada. «Recuerdo vivamente rodar esa primera escena contigo, porque me pareció completamente diferente. Nunca había trabajado con alguien con tu facilidad para la comedia.» De pronto, la incomodidad entre Marty y Lorraine dejaba de ser rara. Era desternillante.

Volvamos a hacerlo otra vez

El reparto había tenido su ración de malos ratos. Llevaban más de seis semanas de buenas interpretaciones enlatadas[1] y ahora se les pedía que empezaran de nuevo. Había que volver a rodar la mayoría de las escenas, en parte o enteras, lo que obligaba a los actores a repetir el ritmo de su trabajo de

1. En el argot cinematográfico, «enlatar», devolver a la lata donde se guardan los negativos, es el equivalente a descartar el material rodado. *(N. del T.)*

semanas atrás y a clavarlo como la primera vez. Y, por si fuera poco, también se les pedía que alteraran su ritmo de vida para rodar de noche y adaptarse de ese modo a mis compromisos con *Enredos de familia*. En muchos sentidos no era justo. Lea me lo confesó: «Nos vimos obligados a trabajar con cierto desbarajuste por culpa de tus horarios. Fue de veras incómodo, y también fue algo rarísimo volver a rodar seis semanas de material que ya habíamos rodado previamente».

Para acabar de complicarlo, los productores querían conservar las tomas sueltas —planos individuales de actores durante las semanas de Eric— e insertarlas en la nueva versión de la película que ahora rodaban conmigo de protagonista. Con el fin de convencer a Universal de que les permitieran cambiar de Marty a esas alturas del partido, Zemeckis, Gale y el productor Neil Canton habían prometido ahorrar tiempo y dinero rescatando metraje en el que no saliera el personaje de Marty. Era un empeño peliagudo, porque Marty aparece en casi todas las escenas, y ya íbamos por la mitad del plan de rodaje. Habría que regrabar todos los planos de Marty y todas las tomas donde yo saliera con otros, intentando mantener las reacciones individuales que no me incluían. Iba a ser un rompecabezas gigante.

Los actores no son intercambiables. Todo el reparto había rodado muchas escenas con Eric y ahora les decían que pondrían a otro actor en su lugar, pero que el *coverage* viejo (el conjunto de planos de cada personaje en una escena) se iba a conservar. Para ellos era un poco injusto. La interpretación consiste en reaccionar, y ese *coverage* representaba las reacciones de mis compañeros frente al trabajo de Eric, no al mío.

Trabajar con otros actores es como entablar una conversación, una especie de comunión. Es difícil hacer una escena con un protagonista y esperar que los mismos ritmos funcionen con otro actor en ese mismo papel. Este cambio de Marty McFly les pedía otra cosa. Mi energía no era la de Eric, y, como es lógico eso descolocaba a los actores con respecto a cómo había funcionado la primera vez.

Entiendo la presión de los productores por recortar donde se pudiera. Era guerra de guerrillas. Pero su plan de retener parte del material existente implicaba que los actores tenían que renunciar a su oportunidad de ajustar su interpretación a lo que yo aportaba al papel.

Lea me lo comentó: «Para la escena del dormitorio, querían usar mis primeros planos de la versión que rodé con Eric. Aquella escena, con Eric y conmigo, era supertriste, de modo que dije que no, que contigo era una escena completamente distinta».

Coverage

Existe una fórmula estándar para rodar escenas de grupo del tamaño, alcance y ambición de una película como *Regreso al futuro*. Un ejemplo es la cena en casa de Lorraine, que viene justo después de la del dormitorio. Con siete personas arremolinadas alrededor de la mesa de los Baines, Zemeckis filmó primero la principal, con todos en un plano general. Luego fue cogiendo el *coverage* de cada uno para captar las intervenciones individuales. Incluso si un personaje no tenía diálogo, Zemeckis filmaba su reacción a lo que decían los demás. Están en la mesa por algo y tienen un punto de vista; si no, son mobiliario, y nadie quiere ser mobiliario. Otro motivo para el *coverage* era que el director necesitaba esos planos de reacción como cortes para cubrir los saltos del montaje o el metraje eliminado durante la edición.

El reparto ya había rodado la secuencia de la cena con Eric, pero resultaba que ahora los productores se planteaban reciclar aquellas reacciones antiguas al Marty de Eric, para usarlas con el Marty mío.

Imagina que eres uno de los actores de esa cena y que hay un tigre en la mesa. El tigre merodea, hace lo que hace un tigre, y tú reaccionas a eso. Seis semanas después te dicen que el tigre al que reaccionabas es ahora un hipopótamo con tutú, y encima te sueltan: «Lo sentimos, pero no podemos volver a rodar toda esa interacción tuya tan lograda con el tigre. Aunque el tigre se haya convertido en un animal distinto, usaremos tus reacciones iniciales». Para un actor, eso es demoledor.

Al final, muchas de las reacciones en *Regreso al futuro* se grabaron de nuevo y, de ese modo, el reparto tuvo la oportunidad de adaptarse a los cambios. Bob Zemeckis nos lo resumió claramente: «Intentamos salvar lo que pudimos, pero para mí era una película completamente diferente. Estábamos empezando de cero».

Realidad, por favor

Siempre he entendido la interpretación como la acción de ajustar tu realidad a la realidad de la película. El director establece la realidad de consenso, ese plano coherente de existencia, el estándar acordado de expresión que respalda todo el reparto. Mientras te mantengas dentro de esa realidad, vas bien. En un trabajo coral tienes que encontrar tu lugar dentro de ese consenso; no puedes entrar arrasando con tus propias verdades si no encajan con la visión del realizador. Por eso lo llaman autor.

Cuando firmé por *Regreso al futuro*, no me dieron un minuto para la reflexión: tocaba lanzarse al ruedo y acertar como pudiera. No podía permitirme horas extra para investigar cómo había abordado Eric el papel, y de todos modos no me habría servido. Me puse como pollo sin cabeza, correteando de un lado a otro para sacar el proyecto adelante, procurando no hacer perder tiempo a nadie. Era un nuevo arranque, y tenía que fiarme de lo que me dijera mi instinto acerca del papel. Como protagonista, yo llegaba con otra historia que contar, pero debía asegurarme de que entraba dentro del consenso colectivo prescrito para la película.

Bob Zemeckis captó enseguida que yo veía a Marty desde mi propia realidad, una que se inspiraba en la comedia. Y resultó que mi realidad encajaba a la perfección con la que él y Bob Gale tenían en la cabeza.

Contemplando retrospectivamente nuestra experiencia de rodar juntos esa película, recuerdo que Zemeckis me dedicó un cumplido precioso: «Me enseñaste un montón de cosas, Mike. No sé si te lo agradecí alguna vez, pero me enseñaste mucho sobre comedia. Se te ocurrían cosas como: "Mira, ¿no crees que debería dar tres pasos y entonces decir mi frase?". Y lo probábamos y yo decía: "Ah, claro, así funciona mucho mejor"».

11

SI ES MEDIANOCHE, DEBO DE SER MARTY

Lo que llama la atención de una *sitcom* televisiva con múltiples cámaras es la cantidad de trabajo que exige para ajustarse a un calendario de episodios y, aun así, lo constante que se mantiene su calidad, semana tras semana. *Enredos de familia* tenía entre 24 y 26 episodios por temporada, y cada uno tardaba unos cinco días en estar listo. Teníamos la suerte de contar con un equipo de guionistas con talento y un equipo técnico espabilado; además, todo el mundo se dejaba el pellejo. Gary decía que era un número de cuerda floja, como levantar una obra nueva cada semana, y yo tenía que hacer equilibrios en esa cuerda con el peso extra de mi segundo trabajo.

Si estás leyendo este libro, supongo que te picará la curiosidad por saber cómo dividía mi semana entre Alex, Marty y Mike; cómo los tres dominábamos el espacio y el tiempo para cumplir con nuestras obligaciones diarias. Ten paciencia conmigo mientras intento explicártelo. Así era, más o menos, mi semana típica en aquel periodo:

Lunes

Nueve de la mañana. Un chófer me lleva a Paramount para iniciar una larga semana. Como el domingo es mi único día libre, este es el momento en que más descansado voy a estar de los próximos siete. Aun así, me duermo durante todo el camino al estudio. A las diez, el reparto de *Enredos de familia* se reúne alrededor de una mesa, en el plató 24, con guionistas, productores, jefes de departamento y ejecutivos de la cadena y del estudio para la sesión de lectura conjunta. Es la primera vez que el reparto lee al mismo tiempo y en voz alta el guion de esa semana. La cosa tiene su arte, que consiste en trabajar con cada frase lo justo para insinuar unas risas, pero sin exagerar, porque no quieres quemarte el primer día. Nada de opiniones personales. Y, por Dios, no te dejes nunca un chiste en el tintero. Todos merecen una oportunidad. Mi respuesta a Gary y a los guionistas siempre es la misma: «Yo me encargo de hacerlo funcionar».

La sesión de lectura colectiva sirve para detectar tramas que necesitan afinado, chistes que llegan cadáver y finales que piden una revisión. Lo que ocurre alrededor de la mesa te anuncia qué tipo de semana te espera: o un fiestón de risas que sabes que va a arrasar el viernes o una moto que no arranca ni empujándola.

El resto de la mañana lo pasamos comentando el guion.

Después de comer, un grupo reducido y perfectamente coordinado empieza a marcar las escenas en el plató: solo actores, director, ayudante de dirección, eventuales invitados, supervisora de guion, atrecista y regidor. Es cuando el episodio más se parece al ensayo de una obra de teatro por parte de un puñado de frikis de la interpretación, montando un espectáculo en el granero.

Cinco de la tarde. Se acaba por hoy en *Enredos de familia*. Será el día que saldré más temprano de la semana. Pico algo en el camerino, me meto el guion de *Regreso al futuro* bajo el brazo y, a las cinco y cuarto, vuelvo a estar en mi ranchera, con mi chófer, rumbo a los Estudios Universal. Según el primer ayudante de dirección, David McGiffert, en cuanto salgo de Paramount empieza la cuenta atrás en Universal (o donde toque rodar esa noche). Los *walkies* del equipo empiezan a sonar por el plató: «Michael Fox está en el coche. Cuarenta y cinco minutos para su llegada». Van actualizando cada quince minutos hasta que me tienen delante. Aquí no se pierde ni un minuto.

Abro el guion de *Regreso al futuro* por la escena de esa noche y empiezo a memorizar las frases de Marty. En algún punto de Cahuenga Pass logro bajarle el volumen a la voz de Alex que todavía suena en mi cabeza y sintonizar con la de Marty: sus cadencias, su parloteo incrédulo. No puedo borrar del todo lo de Alex, porque mañana tendré que volver con él, pero de momento lo guardo como puedo en mi armario craneal.

Seis de la tarde. Llego a los Estudios Universal y me recibe el tornado habitual. Esta noche estamos en el plató del ayuntamiento, rodando mientras Marty y Doc intentan enganchar el cable que debe llevar la descarga del rayo hasta el DeLorean, a la vez que una tormenta cae sobre nuestras cabezas. Han desplegado unos ventiladores Ritter gigantes para simular el viento. Suenan como motores de avión, tan jodidamente alto que Chris Lloyd y yo no nos oímos entre nosotros y tampoco oímos a Zemeckis.

Dos y media de la madrugada. Se termina la jornada y me meten en el coche de vuelta. Medio afónico de tanto gritar contra el vendaval, chupo pastillas para la garganta y rezo para que Alex Keaton tenga voz mañana. A las tres y cuarto me arrastro a la cama para dormir unas horas.

Martes

A las siete de la mañana me dejan en la puerta una versión revisada del guion de *Enredos de familia*. Este borrador viene con diálogo nuevo —a veces escenas enteras— fruto de las notas de ayer. Las revisiones seguirán llegando cada día, diferenciadas por el color del papel azul, amarillo, verde, salmón y mostaza. Al final de la semana, el guion será un arcoíris paginado, sin una sola página blanca original. (Apunte curioso: si te metes en una máquina del tiempo y te vas cuarenta años adelante, el escenario del ensayo está lleno de actores con iPads. Para ahorrar papel y ser eficientes, apenas hay guiones impresos. Las revisiones siguen yendo por códigos de color, que en el iPad se ven blancas, pero las llaman «azules».)

A las diez estamos todos en el plató y empezamos a integrar el material nuevo con lo de ayer. El director nos guía en nuestros movimientos para orientarnos hacia la cuarta pared (el proscenio), ese muro invisible donde se colocan las cámaras. A media tarde, estamos listos para arrancar y hacer un primer pase ante los guionistas y los productores que esperan, sentados en sillas plegables a lo largo del proscenio. Los chistes tienen que conseguir cruzar la Línea Maginot que forman los guionistas y que nos separa de las gradas donde, en breve, se sentará el público.

Durante los ensayos he ido probando algunas ideas con el director para animar los discursos de Alex con un poco de movimiento: «Podría hacer este gesto o este otro».

Desde el principio me pareció que había que reforzar el personaje de Alex con la energía de la gestualidad y utilizar el movimiento para amplificar intenciones y emociones. Eso era especialmente útil en la cocina de los Keaton, un espacio difícil que no daba demasiado juego porque todo se reducía a ir de la nevera a la mesa o de la mesa a la nevera. Así que, para darle un poco de vidilla a Alex, un día me meto las manos en los bolsillos y hago una pirueta que me lanza contra la isla, con las manos aún dentro. Otro día, me dejo caer en la silla con ruedas del miniescritorio, me impulso con el pie contra la pared, ruedo hasta la mesa y suelto mi diálogo como si nada.

Les muestro estas maniobras a los guionistas y, si alguna cuaja, no la vuelvo a sacar hasta el jueves, para que no se apolille.

Tras el pase para guion y producción, llega otra ronda de notas. Gary es cuidadoso e incluye al reparto para preguntarles qué encaja y qué no. Me siento en zona segura con este equipo creativo, lo bastante para lanzar algún chiste nuevo. Los guionistas no esperan a ver si funcionan: solo necesitan saber que yo creo en ellos. Cualquier risa nueva es valor añadido.

Seis de la tarde. De vuelta al coche rumbo a los Estudios Universal. Seguimos con la misma escena de ayer, más gritos contra el bramido de los Ritter. Chris y yo acabamos reventados física y vocalmente. Suma a eso la olimpiada de la noche y me encuentro como si hubiera corrido un maratón, del reloj de la torre del ayuntamiento al DeLorean y vuelta. Y luego están las caídas, los trompicones y un deslizamiento memorable por el capó del DeLorean, a lo *Starsky y Hutch*. Cuando se lo enseñé a Bob por primera vez, dijo:

—¡Me encanta! ¿Cómo es que sabías hacerlo?

Le contesté sinceramente:

—Me salió solo. Me pareció lo más adecuado en ese momento.

—¿Puedes repetirlo?

—Tantas veces como quieras, Bob.

Ese tipo de conversación me carga las pilas. Zemeckis da las instrucciones oportunas:

—Vale, chicos, metamos ese pase sobre el capó en el plano y sigámoslo hasta el coche.

McGiffert remata:

—Todos en sus puestos. Repetimos otra vez.

Y así, en bucle.

Tres de la madrugada. Me desmayo en el asiento trasero. El conductor prácticamente me carga hasta el apartamento y me deja en la cama. Faltan cuatro horas para que suene el despertador.

Miércoles

Otra versión revisada del guion de *Enredos de familia* aparece en mi felpudo. (Nota al margen: estamos en una era anterior a los ordenadores, en la época de las máquinas de escribir, y tengo un cajón lleno de botecitos de típex líquido y de esas tiras recubiertas para corregir letras. En aquella época había una empresa llamada Barbara's Place que solía contratar a actores en paro para que pasaran a limpio las revisiones que les entregaban los guionistas y dejar los guiones en casa de los actores y productores, ya de madrugada.)

A las siete de la mañana, el chófer de Paramount me despierta y prepara café. Me lo bebo de un trago. Camino al trabajo repaso el guion revisado de *Enredos de familia*. Las mañanas de los miércoles se dedican a ensayar con los cambios y a cerrar interpretaciones y movimientos. Es la última oportunidad de introducir cambios significativos. El resto de la semana se dedica a los aspectos técnicos del programa.

Por la tarde hacemos un pase más formal para guionistas y productores. (Durante los primeros años venían también varios ejecutivos de la NBC y la Paramount, lápiz en mano, para marcar sus guiones escena a escena.) Luego, viene una larga sesión de notas y más reescrituras.

Seis y media. Salgo hacia los Estudios Universal para rematar la secuencia de la tormenta en la plaza del ayuntamiento. Algunos primeros planos de Doc en esta parte tan física se rodarán más tarde en un plató, donde los de arte han construido una copia de la fachada del edificio. Es entonces cuando descubrimos que Chris Lloyd tiene terror a las alturas y llevaba semanas inquieto con la acción que le tocaba a su personaje, colgado del reloj, a lo Harold Lloyd en *El hombre mosca*.

Unas semanas antes, cuando no había nadie, Chris subió a echar un ojo: «Subí la escalera de detrás de la fachada, hasta el cuarto piso, me asomé por la ventana a la plaza, vi el tamaño de la cornisa y pensé: "¡Ni de coña me pongo ahí!". Fui a ver a Bob y educadamente le dije: "No quiero hacerlo; es peligroso"». Bob le aseguró que tomarían todo tipo de medidas de seguridad, que rodarían planos sueltos en plató con una repisa más ancha y a menos altura, pero necesitaban sí o sí al Doc de carne y hueso en el edificio para los planos abiertos. Chris aceptó un término medio: «Al final estaba más sentado que de pie, y con cable y arnés».

Según avanza la noche empiezo a compartir los miedos de Chris. Le he cogido cariño en poco tiempo y me preocupa el tío. Ojalá pudiera hacer yo la pirueta por él. Este tipo de cosas me encantan.

Chris sobrevive a su escena, y me toca a mí. Lo que viene no es una acrobacia del mismo calibre, pero tampoco es poca cosa: tengo que conducir el DeLorean. Ya te veo pensando: «Jo, ¡qué guay!». Yo también lo pensé, al principio. Luego lo odié. Primero, seamos sinceros, es una birria de coche que acelera poco y tiene unos acabados baratos (y eso antes de que los de efectos especiales le añadieran su toque personal). El caso es que todos esos chismes —el condensador de «fluzo», los relojes y demás florituras— estaban llenos de bordes afilados, metálicos y cortantes. Tras la primera noche al volante y el resto del rodaje, acabé con las manos llenas de cortes, los nudillos morados y los codos magullados de darme golpes contra aquel salpicadero espacial. En este negocio se suele decir que el dolor es momentáneo, pero que las películas son para siempre. En fin, el que no se consuela es porque no quiere, en el guion original la máquina del tiempo era una nevera. Imagina quedarte encerrado ahí.

Bob Gale recuerda una improvisación mía de esa noche que sobrevivió al corte en la sala de montaje. Yo estaba cansado y quizá olvidé mis diálogos, y, mientras ajustaba las ruedecillas, los interruptores y demás instrumentos del coche solté: «Motor en marcha. Condensador de fluzo... fluzeando». A Zemeckis y Gale les encantó: «Eso está genial. Se queda». Como coguionistas, estaban abiertos a cambios en el momento, siempre que mejoraran la escena sin fastidiar el detalle que le habían puesto a cada una.

A Chris, puede que mis improvisaciones le entusiasmaran menos. Se ríe Bob Gale al recordarlo: «Christopher Lloyd es un actor formado en el teatro, y no solo se sabe sus frases: se sabe toda la obra. Estudia y memoriza, no solo sus diálogos, sino ¡los de todos! del derecho y del revés. Así que, cuando tú improvisabas, a veces lo dejabas confundido porque no se esperaba eso. Sin embargo, jamás se apartaba del personaje y convertía su sorpresa en un gesto o una cara típica del bueno de Doc Brown».

A las tres de la madrugada terminamos y me llevan a casa. Mi chófer me extirpa del coche y me deja tirado en la cama (que, por cierto, seguirá sin hacer durante semanas, si no meses).

JUEVES

La nueva revisión de *Enredos de familia* ya está en mi puerta. Mi chófer de la tele me despierta: me he dormido y no me he enterado de la alarma. Hace café, abre la ducha, me escolta hasta el baño y, a partir de ahí, me ocupo yo. Para que no me vuelva a dormir, se pone a parlotear sin parar. Estoy demasiado cansado para que me moleste.

El plató de *Enredos de familia* hierve con la llegada de los equipos de cámara, luces y sonido. Es una colmena de actividad mientras empiezan a ensayar su parte de la grabación. Entretanto, nos prueban vestuario, y nuestros dobles de luces hacen el bloqueo de cámaras escena por escena, con cintas de colores en el suelo marcando dónde debe situarse cada actor para que su cámara lo pille en cuadro y en foco. Más tarde, los *stand-ins* (aquellos dobles de luces) nos enseñan a los actores nuestras marcas (que no hay que confundir con las marcas de cámara). Todos conocen su trabajo, pero es fácil liarse.

Ensayamos durante el resto del día.

El jueves, a los actores nos toca dejar a un lado el guion. Empiezo a memorizar las réplicas de Alex. Las de Marty vendrán después.

La gente me pregunta a menudo cómo consigo memorizar tanto diálogo. Mi método siempre ha sido el mismo: no los memorizo, los absorbo. Les hago fotos con los ojos y las imprimo en el cerebro.

Conforme avanza la semana, las horas en *Enredos de familia* se alargan. Hay más que hacer a medida que se acerca el momento de la grabación. A las siete de la tarde, me subo corriendo al coche que me espera en la puerta, y de vuelta al futuro.

Esta noche empezamos a trabajar en una escena nueva, con más diálogo para Marty. Tras pasar por peluquería y maquillaje, me pongo los vaqueros, la camisa de cuadros y los tirantes para la cena en casa de los McFly, que tiene lugar al principio de la película. Crispin Glover y Lea Thompson llevan horas en peluquería y maquillaje para convertirse en unos convincentes George y Lorraine de mediana edad. Zemeckis ya ha rodado algunos primeros planos de ellos por la tarde, así que, cuando llego, hacemos todo el diálogo de Marty, los másters y cualquier plano donde aparezca yo. Hoy, la buena noticia es que se acabó todo eso de correr, deslizarse y gritar a pleno pulmón. Permanezco sentado durante todo el rodaje de la escena y hablo como una persona normal.

Viernes

La revisión final me espera en la puerta de casa. Repaso cambios de camino al plató 24. Directo a peluquería, maquillaje y vestuario. A media mañana empezamos a grabar: rodamos escena a escena, con todo colocado. No vamos en orden de guion, sino por decorados. Por ejemplo, comenzando por todas las escenas que acontecen en el salón. Es un proceso más eficiente que permite a los equipos de cámara y sonido un ensayo general, a la vez que grabamos el episodio entero antes del directo. Esa pregrabación nos sirve de apoyo en la sala de montaje.

Seguimos toda la tarde, hasta la cena. Es posible que pienses que, mientras el público —que lleva horas haciendo cola— se acomoda por fin en las gradas del estudio, los actores y yo, sobre todo, nos tomamos un breve descanso. Pues no. Esta vez, Justine, Tina y yo nos escabullimos a la Company Store, en el bloque anexo al comedor. Resulta que Paramount acaba de comprar la empresa SEGA, y nos pasamos el descanso jugando a Frogger (Tina es una ranita sorprendentemente hábil).

Minutos antes del directo, siento una subida de adrenalina. Paradojas de la vida, a pesar de todo el esfuerzo que nos ha costado llegar aquí, me siento más vigorizado que agotado. Me encanta trabajar, sobre todo con la presión del público. Para mí, es como un revulsivo. Gary solía decir que, salvo Lucille Ball, para quien se inventó este formato, nadie se movía en él con tanta facilidad como yo.

Siete de la tarde. Presentan al reparto entre aplausos y nos colocamos para el acto I. Alex entrará en escena por la puerta lateral de la cocina. Mientras espero a que me den pie entre bambalinas, me asalta el pánico. ¿Dónde está mi videocámara? El jefe de atrezo ha dejado sobre la mesa, cuidadosamente alineados, los accesorios que cada uno va a necesitar: el paraguas de Steven, la mochila de Jennifer, la carpeta de planos de Elyse... ¿y la videocámara de Alex? Espera... Alex no tiene videocámara. Es Marty quien tiene una. Alex tiene un maletín, y está justo ahí delante. Entro en la cocina y me encuentro a Steven Keaton leyendo el periódico. «Por lo que más quieras —me digo—, no lo llames Doc.»

Nueve y media de la noche. Se acabó el directo. El público se va. Quedan cosas que hacer, pequeños detalles que no clavamos a la primera, pases en falso, pifias. Pero no vamos a torturar a la audiencia obligándolos a ver toda esa basura. Unos cuantos críos se quedan colgados de la barandilla pidiendo autógrafos. Normalmente no me importa, pero esta noche solo pienso: «No creo que tenga tiempo. No puedo dejar que mi trabajo me haga llegar tarde al trabajo».

Hacia las once de la noche, Alex ha terminado. Es la hora de Marty. Me cambio en el vestuario de *Enredos de familia* y corro hacia mi coche con chófer. Noto la tensión, pero eso es cosa mía. No pienso llevar nada de eso al rodaje de *Regreso al futuro.*

Estamos otra vez en un plató de Universal. A medianoche estoy vestido, peinado y listo. Primero, completamos el *coverage* de la cena de los McFly.

Me siento de verdad afortunado de heredar unos compañeros de reparto tan dotados. Lo maravilloso de trabajar con Christopher Lloyd es que te provoca reacciones, no puedes no responderle. Es como el aire que sueltas tras un puñetazo por sorpresa en el estómago. Crispin Glover, Lea Thompson, Wendie Jo Sperber y Marc McClure son talentos únicos, cada uno con su propia dinámica. El reto para mí consiste en encontrar la manera de reaccionar a elecciones más sutiles: Marc besando a George en la frente («Uf, papá. Hora de cambiar ese aceite»); Wendie harta de coger los recados de Jennifer; y la Lorraine madura de Lea, con la desesperación pintada en el rostro, que te rompe el corazón. Y luego está Crispin, en el papel del infeliz y patético George McFly, con el cuenco de cereales que constituye toda su cena y ese cacareo que tiene por risa, escupiendo trocitos de cereales a medio masticar por la toda la mesa. Crispin está colosal. Procuro que mis reacciones no se puedan interpretar como un

comentario sobre sus decisiones —como me ocurre a veces con Chris— y simplemente me empapo de su locura. Eso es lo que Bob Gale llama la escuela de la comedia Jack Benny/ Johnny Carson. Según él, puede que la situación no sea tan cómica, pero es la reacción la que lo hace funcionar.

Otra cosa del cine a la que debo acostumbrarme: no tengo el lujo de hacer tantas tomas como en la tele, donde puedo probar mil variantes hasta quedarme tranquilo de haber dado al director y al montador lo mejor de mí mismo. «Déjame otra», le decía a Bob, y él me paraba los pies con su mejor sonrisa: «El negativo es caro, Mike. Tenemos la toma buena, así que seguimos».

Con el *coverage* de la cena hecho, pasamos a la siguiente escena en casa de McFly, cuando hace acto de presencia Biff Tannen, el antiguo compañero, abusón y tormento incesante del pobre George, interpretado por Thomas F. Wilson. Nada habla mejor del talento y la versatilidad de Tom que el hecho de ser capaz de interpretar a un matón de forma tan convincente, siendo el pedazo de pan que es.

Los viernes son, sin duda, el día más exigente para todos. Por culpa de mi llegada tardía, estamos obligados a rodar toda la noche. Cerramos al amanecer. Ni recuerdo que me llevaran a casa. Me despierto tarde al día siguiente, tras ser transportado a mi cama por la bondad de mi chófer y ángel de la guarda.

12

¿CÓMO VAN A ECHARME DE MENOS SI NO ME VOY?

Cumplí a rajatabla la promesa que le hice a Gary y seguí al pie del cañón en *Enredos de familia* durante los meses de turnos nocturnos en *Regreso al futuro*. Vale, estaba cansado y un poco desorientado, pero, según mis compañeros de reparto y el equipo de *Enredos de familia*, allí todo seguía como siempre.

Hace poco le pregunté a Justine Bateman por aquel periodo: «Lo asombroso —recuerda— es que no noté nada. Sabía que estabas haciendo la peli esa y solo recuerdo haberme preguntado cuándo dormías. Haz las cuentas: no sé, te pasabas toda la noche allí y luego venías aquí. No me salían las horas, pero pensé: "Si alguien puede hacer eso, es Mike. Se va a entregar al cien por cien a este proyecto y cien por cien al otro". Y lo conseguiste, tu trabajo en el plató de *Enredos de familia* no cambió».

Michael Weithorn, productor supervisor y guionista principal de *Enredos de familia*, coincide: «Me cuesta encontrar recuerdos concretos de que lo pasaras mal». Nos llevábamos solo cinco años y yo lo veía como a un igual; nuestra amistad se afianzó en el amor mutuo por la música. Michael la describe como «la mejor colaboración creativa escritor/ actor de mi carrera. Nos alimentábamos el uno del otro». Su ingenio y su intuición lo llevaban a idear historias que mostraban la afilada inteligencia de Alex y, a la vez, le permitían ser vulnerable. Se convirtió en la voz de Alex: entendía sus rarezas y su bravuconería.

Weithorn y yo montamos una banda de *Enredos de familia* con el también guionista y productor Marc Lawrence (cuyos dos hijos acabarían siendo rockeros profesionales: su banda, Lawrence, ha teloneado recientemente a los Rolling Stones). Marc se parece sospechosamente a Bob Dylan y se conoce el catálogo de los Beatles de la A a la Z. Su estilo de escribir comedia recuerda al de Woody Allen. Es uno de los tíos más graciosos que conozco y asegura no recordar interrupciones en el programa durante el tiempo que tuve que desdoblarme entre *Enredos* y *Regreso*. Viéndolo en la actualidad, no entiende cómo pude lograrlo. «*Enredos de familia* era muy divertido, pero era duro. La gente ve un episodio de veintidós minutos y es estupendo, sin embargo, no tiene ni idea del tiempo que cuesta que funcione. No sé cómo lo hiciste.»

Weithorn cuenta una anécdota sobre cómo el éxito de la peli lo cambió todo, especialmente nuestra capacidad de salir a la calle sin que nos reconocieran. «Fuimos a un pub irlandés una noche, y unas chicas te reconocieron. Casi se te echaron encima, en plan "Ay, eres genial. Nos encanta la película". Y tú, muy amable, le diste las gracias, señalaste hacia mí y les dijiste: "No sé si lo sabéis, pero él es uno de los guionistas de *Enredos de familia*".»

Se ríe Weithorn: «Si se pudiera medir el tiempo que tarda alguien en mirar a otra persona y volver a mirarte a ti, ese sería el récord. Cero interés».

Agradecí que Weithorn y Lawrence no perdieran el humor en aquellos años, y no me han dejado olvidar esos momentos desde entonces. Mi experiencia en *Enredos de familia* no habría sido igual sin la amistad y el talento de ellos dos. Eran mis colegas y mis hombres de confianza. Juntos me ayudaron a crear a un Alex P. Keaton memorable.

No dejes de creer

Cuando les conté a mis amigos y a mi familia que había aceptado el papel de protagonista de *Regreso al futuro* —y que por eso iba a tener que trabajar a destajo, día y noche durante varios meses—, no se mostraron muy convencidos. «Eso es imposible. ¿Cómo vas a hacer las dos cosas a la vez?» Bueno —pensé—, imposible, no; poco recomendable, seguramente; difícil, sin duda. Sin embargo, si algo me había enseñado toda mi experiencia anterior, era que no había nada imposible. En otras palabras: había pasado de ser un pésimo estudiante, canijo y medio inútil en mi Canadá natal —prácticamente un delincuente juvenil cuya única habilidad vendible era que sabía actuar—, a convertirme en actor medio en paro y muerto de hambre, y de ahí a protagonista de una de las series de televisión más vistas de Estados Unidos, todo en unos pocos años. Así que, efectivamente, puede decirse que estaba familiarizado con lo imposible.

Lo que también parecía imposible es que hubiera llegado hasta allí. Con el nivel de juerga y diversión que había llevado durante los tres años anteriores a *Enredos de familia*, era un milagro que siguiera en pie. Durante décadas, jóvenes soñadores han llegado a Hollywood para hundirse y acabar destruidos en el intento. Por cada uno como yo, ha habido cien cuya historia no ha tenido un final feliz.

Lo que necesitaba, más que nada, era a alguien que creyera en mí, más allá de mi leal profesor de teatro del instituto y de mi familia (que, siendo justos, estaban a 2.000 kilómetros de distancia y no tenían ni idea del calvario por el que estaba pasando).

Encontré a ese valedor en Gary Goldberg, que se convirtió a la vez en mi mentor y mi figura paterna.

Por importantes que fueran para mí Michael Weithorn y Marc Lawrence, yo admiraba al conjunto de los guionistas de *Enredos de familia*. Entre todos acumulaban un montón de talento y dedicación. Era un placer trabajar con ellos. A Gary, el gran gurú, el paterfamilias, hay que verlo como la pajita que removía la copa. En la práctica, me enseñó a cumplir con mis obligaciones y a comportarme como un ciudadano responsable. Sin él, no me habría metido en este maravilloso embrollo.

Seguramente, Gary contaría una historia igual de impensable sobre su propio viaje, y por eso conectamos. Una década antes de *Enredos de familia*, Gary vivía en una cueva en Grecia —sí, literalmente un troglodita— mientras recorría Europa con una mochila, su perro Ubu y Diana, su novia de entonces y después su mujer. Una cadena de hábiles iniciativas y presentaciones afortunadas lo plantaron en Hollywood como guionista. Gary todavía se acuerda de una noche, tras el rodaje —poco después de que *Enredos* se volviera un megaéxito—, en la que salimos a cenar a Le St. Germain, en Melrose. Estuvimos hablando de nuestras inverosímiles trayectorias, que nos habían llevado a poder disfrutar de aquel exquisito lenguado *meunière* y aquel Montrachet del 71 que saboreábamos en nuestra mejor hora. De repente, Gary se puso pensativo y me dijo: «Míranos, Mikey, en el fondo no somos más que dos chavales de clase obrera intentando asimilar el éxito apabullante que nos ha tocado vivir. Es como si en la cima del mundo se hubiera abierto una grieta, y nosotros dos nos hubiéramos colado por ahí».

Era exactamente así. Mis locos días de UCLA y de juergas no quedaban tan lejos. Le respondí: «Francamente, creo que es como si nos hubiéramos saltado la vida que se suponía que nos tocaba vivir».

13

MÚSICA DE FONDO

Durante los veinticinco años que mi padre estuvo en el ejército, tuvo que trasladar a su familia por todo Canadá, mientras iba de destino en destino. A menudo, la situación fue dura, sobre todo para nosotros, los niños, pero él solía zanjarlo con su gruñido característico: «Si el ejército hubiera querido que tuviera familia, me habrían dado una». Al final nos asentamos en Burnaby, un suburbio de Vancouver, donde mi padre consiguió trabajo como operador de radio de la policía.

Yo pertenecía a una generación que había crecido con muy pocos controles. Tenía un grupo muy unido de amigos en nuestra urbanización y, entre todos, convertimos el aparcamiento de la licorería de enfrente en nuestro campo ideal para jugar al *hockey*. Ideal salvo por el continuo ir y venir de coches de clientes que entraban y salían para reponer existencias. La licorería estaba unida a un pequeño centro comercial de los años 60, y la rampa trasera del muelle de carga de Woolworth's ofrecía oportunidades magníficas para patinar con el monopatín y... romperse unos cuantos huesos.

La mayoría de mis amigos eran tirando a gamberros y propensos a meterse en líos, chavales que habían crecido sin la supervisión de sus padres, aunque con un exceso de ego. Eran espabilados, pero no inteligentes, al estilo de Alex P. Keaton. Éramos todos unos piezas, sin embargo, le echábamos imaginación a la hora de meter la pata.

Seguramente fue el hecho de mudarme de niño tantas veces, dejando viejos amigos y haciendo nuevos amigos constantemente, lo que me convirtió en un maestro de la adaptación y la asimilación. No me refiero a eso que llamamos popularidad. Curiosamente, yo era popular e impopular a la vez, y hacía lo posible por caerle bien a todo el mundo (una habilidad que me haría falta más tarde, con 18 años, como emigrante en un país nuevo). Antes de dejar el instituto, me movía entre los inadaptados sociales, los aficionados al *hockey* y al *lacrosse*, los tíos guays que tocaban la guitarra y escuchaban a Eric Clapton, amigos gays, canadienses de primera generación de procedencias diversas y los inadaptados que se dedicaban al teatro y las artes. Fui absorbiendo lo mejor de cada grupo. Con quienes más conectaba era con los creativos, porque sus aficiones eran también las mías: escribir, dibujar, actuar y la música.

Uno de los chicos más populares del colegio era Andy Hill. No solo era el grandullón del patio, sino también un alumno de sobresalientes y un imán para las chicas, igual de dotado para el deporte, los estudios y la música (entró en la universidad con una beca de *hockey* y se licenció en Música). No sé cómo pasó, pero me convertí en el amigo satélite de Andy. Supongo que le caí lo bastante bien como para tomarme bajo su protección. La mayoría de mis otros amigos eran de clase trabajadora como yo —hijos de policías, fontaneros o militares—, pero el padre de Andy era médico. Su familia tenía dinero. Vivían en una urbanización privada llamada Buckingham, con piscina (como sacada de aquella película, *Aquel excitante curso*) y un estudio insonorizado en el sótano. En conjunto, no podía haber más razones para que resultara muy raro lo bien que encajé en su mundo épico. Andy, que podía permitirse el lujo de tener una guitarra de primera, una estilizada Fender Jaguar, fue el que me enseñó a tocar.

Supliqué a mis padres que me compraran una igual, pero a lo máximo que llegaron fue a una imitación barata de la Fender Telecaster. Ese verano, mi madre me consiguió trabajo en la planta frigorífica del puerto, donde ella llevaba las nóminas. Mi tarea era recorrer los muelles y recoger los resguardos, los comprobantes que los pescadores rellenaban al entregar cada tonelada de salmón o atún. Apesté a pescado todo aquel verano (la temporada de arenque era la peor, y si no, que se lo pregunten a mis amigos), si bien conseguí ahorrar 600 dólares y me los gasté todos en una Fender Telecaster de verdad. Años después tuve que venderla para financiar mi mudanza a Los Ángeles.

Es difícil clasificar o cuantificar el valor relativo de las amistades, sin embargo, hubo un compañero del instituto que tuvo un papel mayor en aquellos años de transformación. Se llamaba Chris Coady, y era lo más. Iba un curso por delante de mí, pero lo consideraba de la familia. Yo era el hermano pequeño y torpón; y él, el hermano mayor, sereno y con mundo. Le encantaba la misma música que yo llevaba tocando con Andy Hill desde hacía años: los Stones, Led Zeppelin, The Who, AC/DC (mi particular Monte Rushmore del rock and roll). Íbamos juntos a conciertos, incluso a alguna obra de teatro. Nuestras aficiones eran más sofisticadas que las del resto de mis amigos. Después de dejar el

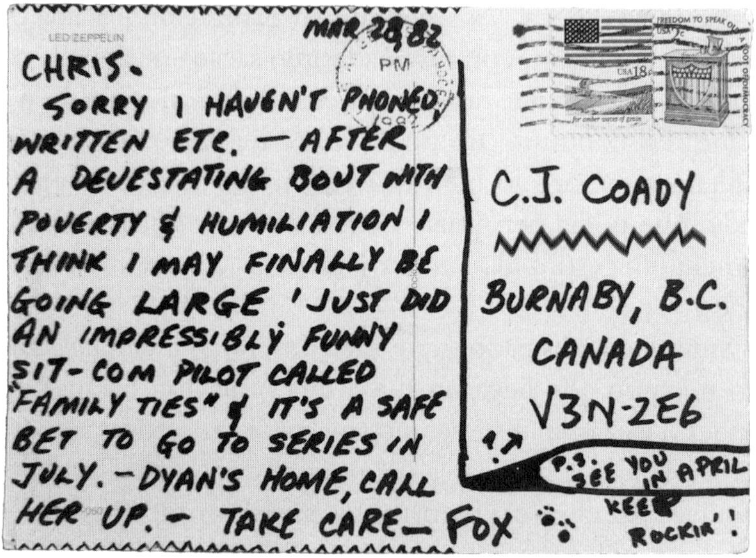

instituto y mudarme a Los Ángeles para probar suerte como actor, Chris y yo seguimos muy unidos. Era el tipo de amigo que no te juzga cuando esa carrera lucrativa de la que estás tan seguro no funciona de inmediato. No me dijo «te lo advertí» cuando, de repente, me vi sin un duro. En vez de eso, me mandó 200 dólares. Años más tarde, cuando lo de «lucrativa» por fin se hizo realidad, me llevé a Chris a París y Venecia como parte del circuito europeo de festivales de *Regreso al futuro*.

Hace poco, Chris rescató una postal que le escribí en 1982, cuando yo empezaba a salir del pozo, en Los Ángeles:

(Aquí va la foto de la postal con su texto traducido: «Chris. Siento no haberte escrito ni llamado, pero tras mi devastadora etapa de pobreza y humillaciones, creo que por fin las cosas me van bien. Acabo de hacer el episodio piloto de una *sitcom* muy divertida llamada *Enredos de familia* que se va a emitir como serie en julio. Dyan está en casa, llámala. Cuídate. Fox».)

Es muy propio de Chris haber guardado esa carta. Además de todo aquello, fue el archivero de mi primera vida, atesorando los papelotes que luego se convertirían en recuerdos.

Por cierto, de aquel grupo de perdedores del instituto, la mayoría hoy son tipos muy exitosos. Y sigo siendo amigo de muchos de ellos, en especial de los que más me marcaron: Andy y Chris.

14

¿ASÍ QUE QUIERES SER UNA ESTRELLA DEL ROCK AND ROLL?

El lunes 11 de marzo marcaba el ecuador de mi calendario de rodaje, aunque yo no habría sabido decirlo. No tenía ni idea de en qué día vivía. Mi reloj interno estaba hecho trizas.

De mis tres personajes, Alex P. Keaton era el mejor equipado para entender y dominar el tiempo. Alex funcionaba ajustándose a un horario, tenía la hoja de cálculo de su día a día grabada en el hipocampo y llevaba uno de esos relojes digitales de plástico que, comparados con un Apple Watch de hoy, vienen a ser tan avanzados como un reloj de sol. Por su parte, Marty McFly llevaba un reloj similar en 1985, pero en 1955 lo cambiaba por una de las maravillas analógicas de Doc. Con tanto jaleo con el tiempo, no recuerdo que Marty mirara mucho el reloj, salvo cuando posó para el icónico póster de *Regreso al futuro* de Drew Struzan, con los ojos como platos y el brazo en ángulo mientras consulta la pantallita del Casio. Espera un momento. Si aquello fue una sesión de promoción, técnicamente yo era Mike; y Mike (perdón por la tercera persona) no llevaba reloj. Poca falta me hacía, la verdad, porque tenía a mi alrededor un ejército de asistentes, ayudantes de dirección y chóferes con la misión de llevarme del punto A al punto B a una hora fija, y ninguno se arriesgaba a destacar como el que me hiciera perder el tiempo (bueno, el de Paramount o el de Universal).

Otro motivo de celebración del 11 de marzo: a partir de esa fecha todos los que participaban en el rodaje de *Regreso al futuro* volvieron a poner su reloj en modo normal. Era el primer día en que me veía libre de mis compromisos con *Enredos de familia* y señalaba el fin de las obligadas noches de rodaje. El viernes anterior había grabado el episodio 26 de la temporada y el programa cerraba su tercer año en NBC. Alex era un hombre libre, Marty dejaba de ser un perro sin hueso y Mike dejaba de ser actor en régimen de cesión (perdón, Jim Morrison). Me sentí liberado, redimido de mi primer compromiso, listo para poder explorar a fondo el segundo. Mis queridos Bobs (Zemeckis y Gale) habían hecho todo lo posible por adaptarse a mis obligaciones. Ahora me tocaba a mí ahondar en los rasgos de mi personaje y estar a la altura de la confianza que habían puesto en mí.

La escena del día me ofreció la ocasión perfecta para soltarme la melena.

Aquella mañana me presenté a trabajar en la esquina de Franklin con Highland, en Hollywood (muy cerca del Cahuenga Pass), donde el equipo de *Regreso al futuro* había tomado prestada la United Methodist Church de la localidad. Para celebrar mi estreno como actor con un solo trabajo, conduje yo mismo hasta el set y aparqué mi Datsun 300 ZX negro (¡cómo me gustaba ese coche!) junto al «circo» (el nombre que usamos en Canadá para referirnos a la caravana de camiones, furgones y remolques que rodea cualquier rodaje. Al otro lado de la frontera lo llaman «campamento base»; yo sigo fiel a la versión de la hoja de arce).

Mientras el equipo se afanaba a mi alrededor, me acomodé sobre el capó. Con la pierna apoyada en el guardabarros y el pie marcando el ritmo, me puse a tocar una guitarra invisible, deslizando los dedos por un mástil que solo yo veía. Rock and roll del bueno. A cualquiera que me hubiera visto, seguro que debía de parecerle que se me había ido la pinza. Sin embargo, yo no estaba concentrado en la imagen que daba, sino en la que iba a tener que dar. Solo faltaban unas horas para que empezáramos a rodar una secuencia que requería más preparación que ninguna otra de la película: el Baile del Encantamiento Bajo el Mar de 1955, y la actuación —literalmente dentro y fuera de su cuerpo— de Marty, interpretando «Johnny B. Goode».

Mientras la canción sonaba en mis auriculares, yo repasaba una y otra vez los acordes con mi guitarra invisible. Pero algo chirriaba, en mi grabación se había colado un pitido agudo. Me quité un auricular y entendí al instante el problema: un corrillo de adolescentes me miraba a través de la valla metálica y gritaban como si yo fuese un maldito Beatle.

Cada vez era más consciente de mi situación. Llevaba dos años, desde que *Enredos de familia* se había convertido en un éxito, en que la gente me miraba, me seguía, me acechaba. Suena siniestro, pero no hago más que describir las constantes congregaciones de chicas que se reunían allá donde yo iba. Unas semanas antes, habíamos rodado por la noche los exteriores del baile, en el Instituto Whittier, al sur de Los Ángeles. Una legión de chicas vestidas con tops de tubo y mallas, con los labios relucientes de carmín y el pelo cardado hasta el dolor como unas mini-Madonnas, habían invadido el set para verme. Según Bob Gale, «corrió la voz de que estabas en el instituto y había siete filas de chicas intentando verte». Todas aquellas fans se mantenían tras las vallas, pero cada vez que yo iba del camerino al plató estallaban los gritos. Para el equipo era una novedad (y un motivo constante de guasa). En la versión anterior de la película no había habido el menor revuelo entre las nínfulas locales. Sin faltarle al respeto a Eric, yo tenía la ventaja (o desventaja) de protagonizar una serie de televisión. Estaba claro que había dado de pleno en el corazón del Instituto Whittier.

Johnny, mejor que seas bueno

Obviamente, es mi escena favorita de la película. Representa un sueño que se hace realidad, yo haciendo por mí lo que Marty hace para sí mismo. Lo que me pasaba a mí entonces no era menos transformador que lo que le pasaba a Marty. Él pone toda su energía en esta escena para consolidar la relación de sus padres. Está ofreciendo la actuación de su vida... para salvar la vida. Literalmente, salva su mundo con su guitarra.

Una de las cosas que me atrajeron del personaje de Marty fue su amor por la música, y me entusiasmaba poder reflejarlo. La primera vez que vemos a Marty, está enchufando su guitarra al amplificador gigante de Doc. Marty es un buen guitarrista, como se puede ver unas escenas después, cuando él y su banda, los Pinheads, hacen una prueba para el festival del instituto. Marty interpreta con solvencia la introducción de *The Power of Love* hasta que Huey Lewis (que hace un cameo como juez del concurso) le chafa el sueño y anuncia, megáfono en mano, que la banda es «demasiado ruidosa».

Tras el varapalo, Marty le confiesa a su novia, Jennifer: «Nunca voy a tener la oportunidad de tocar delante de nadie». Ella le anima a mandar su música a una discográfica, pero él duda: «¿Y si me dicen que no valgo? ¿Y si me sueltan: "Largo, chaval, no tienes futuro"? No creo que pueda encajar ese tipo de rechazo». Bob Gale cuenta que él y Zemeckis temían que el público no relacionara este momento con el posterior triunfo de Marty tocando «Johnny B. Goode», así que el guion incluía una escena adicional —que llegamos a filmar— en la que Marty, ya de vuelta en 1985, enviaba su cinta a las discográficas. Bob Gale lo recuerda claramente: «La cortamos. No hace falta ver la cinta. Marty ha cambiado; ¿qué necesidad había de subrayarle al público que al final se ha convertido en un músico seguro de sí mismo? En montaje estaba claro: sobran palabras. Las imágenes de "Johnny B. Goode" son las que cuentan la historia».

Cuando Marty le confiesa a Jennifer su miedo a no ser suficiente, no sabe que pronto viajará treinta años atrás, donde podrá lucir ante el público su alma de estrella del rock y mostrar su talento como músico.

La escena de los Pinheads podría haber salido de mis años de instituto. El Mike de 15 años se reconocía ahí al cien por cien. Yo también quería ser estrella del rock, una carrera que no despertaba precisamente el beneplácito paterno. Todas mis aficiones eran creativas y, como no venían acompañadas por éxitos académicos o cívicos, se consideraban contraproducentes. Los profesores se frustraban conmigo y yo con ellos. Nadie creía que uno entendiera al otro y viceversa.

Al final la música no me abrió las puertas del éxito porque mis ganas superaban mi talento en ese terreno, pero nunca abandoné ese sueño.

Me trabajé la escena de «Johnny B. Goode» más que ninguna otra. Empeñado en acertar los acordes y los diálogos, me pasé semanas ensayando con un profesor, Paul Hanson. Salvo las horas de plató, el resto de mi tiempo libre lo dediqué a tocar con él.

Paul era un guitarrista que se sacaba un dinero extra dando clases en el Musicians Institute de Hollywood. Meses antes, Bones Howe, nuestro supervisor musical en *Regreso al futuro*, había llamado al instituto solicitando un profesor para el protagonista de la película (entonces, Eric). De todos los docentes, la recepcionista le recomendó precisamente a Paul Hanson, y para él fue un golpe de suerte que le cambió la carrera. El día anterior, ella le había parado en el pasillo para preguntarle si era cierto un rumor que corría por el instituto: «¿De verdad puedes tocar la guitarra con los dientes?». Paul lo confirma: «Sí, tenía un truco que hacía con los dientes y se lo enseñé. Así que cuando Bones pidió a alguien que pudiera enseñar a un actor a tocar la guitarra de forma poco convencional, ella pensó en mí».

Eric empezó a ensayar en enero con Paul, en su garaje-estudio, aprendiendo los acordes de «Johnny B. Goode». No habían hecho demasiados progresos cuando avisaron a Paul de que Eric iba a ser sustituido por otro actor. «Me da apuro decirlo —me reconoció Paul—, pero yo no veía *Enredos de familia*, así que no tenía ni idea de quién eras.»

Nuestra primera clase empezó con mal pie porque a Paul no lo dejaron entrar en los Estudios Universal. «Llegué a la garita con mi viejo Volkswagen Squareback, donde cabían dos Marshall, un Echoplex y todas mis guitarras. Saludé al guardia y le dije: "Hola, tío. Soy el profesor de guitarra de Michael J. Fox".» Flaco como un alambre, de ojos enrojecidos y melena rubia de grupo ochentero, Paul parecía más un «fumeta» adolescente que un profesor de verdad. El guardia lo miró a él, miró al coche y le contestó: «Sí, claro. Buen intento». Por suerte, tras unas cuantas llamadas al departamento de producción, lo dejaron entrar. «Puede que sí, que seas el profe de Michael J. Fox, como dices», admitió el guardia mientras Paul cruzaba la puerta. Actualmente, Paul lo resume así: «Estuvo guay».

Puedes detectar a un actor que no fuma cuando tiene que hacer un papel de fumador. Es difícil resultar convincente porque acaba notándose. Puedes fingir, pero al final se ve que no has fumado en tu vida. Un fumador de verdad sabe cómo sujetar un cigarrillo o cómo desembarazarse del humo. Pues bien, con la guitarra pasa igual: los músicos distinguen al instante si ese actor sabe tocar de verdad.

El primer paso es coger el instrumento como es debido. Mi filosofía para interpretar a Marty partía de la base de que, si vas a imitar a una estrella de rock, todo está en sentir la forma del instrumento. La posición de la guitarra tiene que ser creíble. Y hay que saberse los acordes. Eso no se finge. Bueno, un poco sí lo fingí, y en la pista de «Johnny B. Goode» no soy yo el que toca (para el *playback* contrataron a Tim May; la voz era de Mark Campbell, el cantante de Jack Mack and the Heart Attack). Pero ante la cámara toqué la canción nota por nota. Me importaba que el trabajo de manos fuera exacto. De hecho, le dije a Zemeckis y al director de foto, Dean Cundey, antes de empezar: «Por favor, encuadrad bien mis manos: no os voy a fallar».

Años después conocí a Bryan Adams, la leyenda canadiense, que comentó mi manera de moverme durante la escena de la canción, y no pude evitar preguntarle: «Gracias por tu comentario, pero ¿qué tal mi ejecución?». Me soltó: «Que le den a tu ejecución. Lo importante es que clavaste la forma. Parece que tocas y lo haces con carácter. La guitarra tiene que aparentar estar viva en tus manos, y tú lo consigues».

Hay un motivo por el que las chicas se amontonan delante de un tío que toca la guitarra en un concierto. Es un instrumento que, con sus curvas y el cruce de cuerdas, tiene una sensualidad única. Es masculina y femenina a la vez, una combinación muy atractiva. Mira a Nancy Wilson (de Heart) cuando toca. Eso es sexy. También tiene que haber una especie de baile entre la guitarra y el guitarrista. No hay nada más aburrido que un músico que se queda quieto (o, peor, en un taburete) rasgueando. A mí eso nunca me pasó: ponme una guitarra en las manos y no paro.

Paul se sorprendió conmigo desde la primera clase porque ya tocaba mejor que un simple aficionado. Como buen friki de la música, en Burnaby había tocado de adolescente en una banda (seguro que conoces a Halex). Animamos muchas fiestas en los sótanos de las iglesias locales, así que era de justicia que acabara filmando «Johnny B. Goode» dentro de una iglesia.

Paul y yo trabajamos juntos un mes entero antes de rodar las secuencias del Baile del Encantamiento Bajo el Mar. El primer ajuste que hicimos fue cambiar la tonalidad de «Johnny B. Goode» de si bemol (como en la original de Chuck Berry) a si natural. Según Paul: «Hendrix la hacía en si, y un guitarrista ochentero como Marty no la tocaría en si bemol».

A mí, tocarla en la tonalidad de si me venía mejor: podía encontrar más rápidamente los trastes de la guitarra, mientras iba dando saltos de un lado a otro del escenario, procurando sincronizar mis labios con el *playback* sin apartar los ojos de la guitarra en ningún momento. Cuando tienes que hacer tantas cosas a la vez, es más fácil acertar los trastes que los huecos que hay entre ellos.

Era esencial que me saliera perfecto, y Paul estaba de acuerdo. Zemeckis, que no es músico, se inquietó por el cambio de tono, pero Paul fue listo y le preguntó a nuestro supervisor musical, que finalmente nos dio la razón. Bones Howe le explicó a Bob que Chuck Berry tocaba en si bemol porque era un músico de los años 50, que provenía de las grandes bandas, las cuales en aquella época eran mayormente de viento, y que los músicos de viento tocan en bemol, pero eso cambió con la llegada del rock. «En los años 60, los guitarristas pasaron a ser los jefes de la banda, y tocaban en sostenidos, como la o si.»

Una vez zanjada la cuestión del tono de la canción, me puse a practicar, y para ayudarme, Paul me preparó una cinta con el solo a media velocidad y de ese modo pude memorizar cada cambio.

Vamos a tocar algo con mucha marcha

El dilema de los responsables de la película era que la escena de «Johnny B. Goode», en realidad, no resultaba necesaria. No solo no hace avanzar la trama; de hecho, la interrumpe. Una vez que George y Lorraine se besan al son de «Earth Angel», la misión de Marty está cumplida. En menos de una hora tiene que estar de vuelta en el DeLorean, porque es su única posibilidad de volver a su época. ¿Para qué demorar ese momento con un intermedio musical?

La respuesta es que Zemeckis y Gale añadieron la secuencia por puro gozo. Desafío a cualquiera a verla sin sonreír. «Johnny B. Goode» es la mejor canción de rock and roll de la historia, y tocarla me permitió escribir mi propia carta de amor a mis dioses de la guitarra. Además, la escena añade un chiste acerca del tiempo, escandaliza a los chavales de los años 50 con la música que adorarán sus hijos y libera la tensión (¿George y Lorraine seguirán juntos? ¿Biff arruinará el plan? ¿Saldrá Marty del maletero? ¿Se esfumará del todo?).

Resueltas las tensiones, vamos a disfrutar.

El guion describía un baile de instituto más bien convencional, pero el trabajo de la cámara contribuyó mucho a dotarlo de vida. Al igual que los movimientos de Marty en el escenario fueron el resultado de semanas de ensayo, para la escena del baile fue necesario idear toda una serie de complicados movimientos de cámara. Una cámara montada en una grúa Louma y guiada por control remoto hizo lo que no podía hacer una cámara al hombro: zambullirse y deslizarse entre los bailarines, insinuándose incluso entre sus piernas cuando los chicos lanzaban a las chicas por los aires con arrojo adolescente. La cámara rozaba los bajos de las faldas que giraban y bailaban, y siempre caía en el sitio exacto para mostrarnos un primer plano de George y Lorraine. El efecto era tan dinámico que aumentó la presión que ya sentía yo de por sí.

Este era el guion original:

INT. ESCENARIO — NOCHE

La banda termina *Earth Angel*. El público aplaude.

MARVIN (A Marty) Oye, eres bueno, tío. Haz otra.

MARTY (Mira el reloj) No, me tengo que ir.

MARVIN Vamos, toquemos algo con marcha de verdad.

Marty lo piensa un segundo y sonríe traviesamente.

MARTY

Bueno, vale. Pero vais a tener que seguirme con esta canción, chicos.

(Se acerca al micro, y se dirige al público.)

Vamos a hacer una más. De donde yo vengo, a esto lo llaman ¡rock and roll!

Marty arranca con un *riff*...

MARTY (Al batería) Batería, dame un ritmo de blues para esto.

Marty empieza a tocar la guitarra, y el batería marca el ritmo.

MARTY (Al bajo) Toca esto.

Marty tararea la línea del bajo, y el bajista se le une.

MARTY Pianista, sigue al bajo y súbelo tres octavas.

El piano sube tres octavas.

MARTY

Saxo, improvisa sobre esa progresión de tres octavas.

El saxofonista lo hace, y todo empieza a sonar como ROCK AND ROLL.

En la pista de baile, los chicos y las chicas se miran. El asombro es general, hasta que todos se lanzan a bailar.

A partir de aquí, el guion describe los movimientos de Marty:

Marty empieza a hacer piruetas al estilo Little Richard. Se quita la chaqueta y la lanza al público. Se abre la camisa y menea las caderas como Elvis. Las chicas gritan de emoción.

Los gestos de Marty se vuelven como los de Mick Jagger y después hace unos pasos al estilo Michael Jackson.

Finalmente, se deja llevar por el puro HEAVY METAL y toca la guitarra a pleno volumen, junto al amplificador para distorsionar la señal.

Al final se pasa de la raya para los gustos de 1955. La banda deja de tocar, y los chicos dejan de bailar.

Marty se da cuenta, se acerca al micro y dice:

MARTY Uf, aún no estáis listos para esto. Pero a vuestros hijos les va a encantar.

Los diálogos y la acción de la película, una vez acabada, cambian bastante con respecto al guion original. Zemeckis me dio libertad para que diseñara la escena, así que eliminé lo de Michael Jackson y Mick Jagger (¡no son guitarristas!) y lo sustituí por homenajes a mis dioses de la guitarra. Luego, con el coreógrafo, Brad Jeffries, montamos la secuencia: guitarra baja y rodillas al suelo sin perder un acorde (a lo Jimmy Page), guitarra por detrás de la cabeza (a lo Hendrix), y una pirueta saltando desde lo alto de la torre de altavoces (a lo Pete Townshend) y vuelta al escenario haciendo molinos con los brazos y deslizándome de espaldas por el suelo, todo ello sin fallar una sola nota. Queríamos que la pieza cobrase vida. Mis dedos, deslizándose por el mástil, seguían fielmente el *playback*. Paul me enseñó un martilleo intenso de la mano derecha, que era un guiño a Eddie Van Halen: «Te hicimos inclinar la púa y puntear muy rápido», dice. Y añadimos un toque de Slash con un *glissando* brutal por la cuerda del mi.

La mañana que empezamos a rodar, enseñé a los dos Bob lo que Paul y yo habíamos preparado para la escena y les encantó. Paul recuerda: «Zemeckis y Gale me daban palmadas y me decían "muy bien, Paul, muy bien!" y yo recuerdo haber pensado que había sido el curro más fácil de mi vida. No había hecho más que enseñarte a poner las manos en su sitio, y tú te habías vuelto loco. Puede que yo me llevara el mérito, pero las patadas al amplificador y los resbalones por el escenario eran todo tuyos».

A pesar de lo que diga, Paul se lo merecía igualmente: el éxito de la secuencia también se basó en las horas y el detalle que le dedicó. A modo de agradecimiento le sorprendimos pidiéndole que hiciera un cameo: Paul es el que toca el bajo junto a Marty, en 1985. Es uno de los Pinheads que actúan ante Huey Lewis.

Al terminar de rodar la escena de «Johnny B. Goode», Zemeckis nos dio su opinión: «¡Por Dios, Michael, ha estado genial!». Meses después me confesó que esos días habían sido los más divertidos del rodaje. «Era una pasada, todos esos *riffs* a través del tiempo. Me encantó.» Misión cumplida. Yo estaba encantado de que él lo estuviera.

Un lujo añadido fue poder pasar el rato con Harry Waters Jr. (Marvin Berry) y los profesionales que encarnaban a los Starlighters: Tommy Thomas (saxo), Granville «Danny» Young (contrabajo), David Harold Brown (batería) y Lloyd L. Tolbert (piano). Talento puro. El que canta «Earth Angel» en la película es Harry. Me hablaban en jerga de músicos, como a un igual, y yo se lo agradecí de veras.

Como en todo rodaje, había mucho tiempo muerto entre toma y toma, en el que despejábamos el escenario para los técnicos, pero lo aprovechábamos: aunque la cámara no rodara, nosotros sí. Paul se trajo su equipo: «Llevaba una maleta con un Fender Pignose, que es un amplificador portátil a pilas, más pequeño que una barra de pan y más ruidoso que un camión. Recuerdo que te enchufé al Pignose y te montaste una *jam session* con las pistas de apoyo que habíamos grabado».

Dicen que, si en una película de misterio aparece una pistola, puedes apostar a que acabarás oyendo el disparo. Con guitarras en una sala pasa lo mismo: sonarán tarde o temprano. Tocamos por puro placer, y todos, desde el director hasta el último de los figurantes, lo disfrutaron claramente.

Por eso se llama tocar música... no «trabajar» música.

Los realizadores de *Regreso al futuro* no planearon que la música fuese uno de los elementos principales de la película, pero creo es una de las claves de su vigencia. La elección de las canciones que aparecen en la banda sonora y la propia banda resultaron tan memorables como la misma película. La partitura legendaria de Alan Silvestri encajó como un guante, le valió una nominación al Grammy y consolidó su asociación con Zemeckis para muchas pelis futuras.

Tanto Zemeckis como Gale querían que sonara música de los años 80 en la banda sonora y que sirviera de contrapunto moderno para las canciones de 1955. Para ello, junto con Spielberg, escogieron a una de las bandas top de los 80, Huey Lewis and the News, y les encargaron un tema con potencial para triunfar en la radio. Huey compuso para ellos «The Power of Love», una pegajosa pieza de pop-rock que, tras el éxito del film, no solo obtuvo su primer n.º 1 en *Billboard*, sino que fue seleccionada para el Oscar a la mejor canción.

Huey compuso además «Back in Time» específicamente para los créditos finales. La canción, que también es un guiño al público, suena en la radio-despertador de

Marty al final, cuando se despierta en 1985. Hoy es sinónimo de la película y una pieza que nunca falta en los conciertos de la banda.

Huey, eres demasiado bueno.

Una belleza que desaparece

Para tocar «Johnny B. Goode», Marty toma prestada la Gibson ES-345 de Marvin Berry, un modelo introducido en 1958, tres años después del momento en que transcurre la escena. Se trata de una incongruencia temporal que los fans de las guitarras y de *Regreso al futuro* han señalado una y mil veces. Sí, puede que tenga su gracia para los que peinan cada detalle del film y para los fanáticos de la continuidad del espacio-tiempo; pero el asunto no tiene más misterio. El departamento de arte eligió la ES-345 porque recuerda poderosamente a la mítica guitarra color vino con la que Chuck Berry hizo su paso de pato por medio mundo.

Ambas versiones, tanto la del año 55 como la del 58, son guitarras exclusivas y bellas. A mí, me da igual tocar la una o la otra. Siempre me ha gustado la serie E de Gibson. Son grandes e imponentes, pero tienen una caja semihueca y, por tanto, son ligeras. Incluso un tipo pequeñajo, como servidor, podía colgárselas del cuello, sacudirlas y hacerlas cantar.

Hace unos años visité la central de Gibson, en Nashville, conocida como The Gibson Garage. Para quien le gusta tocar la guitarra constituye una visita obligada, y también para los que no son guitarristas. Entré procurando pasar inadvertido, pero enseguida me llevaron al sanctasanctórum de la empresa. Es un sitio que impresiona todavía más que la tienda. Allí está la bóveda, con sus piezas más sagradas. Admiré las guitarras de Jimmy Page, Slash, Duane Allman, Jeff Beck... Sin embargo, había un atril vacío. Estaba reservado para cierta ES-345 de color rojo vino: la guitarra de Marty en *Regreso al futuro*.

A lo largo de las décadas que han transcurrido desde el estreno de la película, la guitarra de «Johnny B. Goode» se ha ido volviendo más importante por lo que no es que por lo que es. Lo que no es, es accesible; es decir, no está disponible. Ojalá pudiera decir que la tengo yo, pero no tuve la clarividencia de guardar un objeto que sería valiosísimo. Alguien sí la tuvo. Y esté en su colección, en un ático o en un estudio casero, su propietario no suelta prenda. Igual espera a que prescriba el delito de hurto de material *vintage*. (Paul, ¿qué es eso que escondes bajo la manta en el maletero de tu Squareback, donde guardabas el Echoplex y los Marshall?)

En una época en que las guitarras de colección se pagan a precio de oro, el valor de esta pieza de cine es enorme. Dadas las cifras de la Strat «Blackie» de Clapton, la «Black Strat» de Gilmour o una Les Paul 59 tocada por Page y luego propiedad de Beck, la ES-345 de *Regreso al futuro* podría superar las siete cifras. Gibson se ha empeñado en encontrarla, hasta el punto de patrocinar un documental que narra la búsqueda de mi famosa guitarra. De momento, no la han hallado, pero el estreno del reportaje depende de su aparición. Ya os iré contando.

UN *MEDLEY* DE MI ÉXITO

La secuencia de «Johnny B. Goode» —prepararla, tocarla para Zemeckis, Gale y Spielberg; filmarla y revivirla una y otra vez en actuaciones improvisadas— significa para mí más que cualquier otra cosa en el universo de *Regreso al futuro*.

Esos tres minutos se convirtieron en la tarjeta de presentación musical que me permitió tocar como una estrella del rock en teatros, pabellones y estadios de medio mundo. He tocado «Johnny B. Goode» en el MetLife Stadium y en Kate's Fish Camp (Florida). Es un *medley* de mi éxito.

Gracias a esta canción, Marty y Mike vieron hacerse realidad sus sueños más locos. Los míos: tocar «Johnny B. Goode» junto a héroes personales míos como The Who, B.B. King, John Mayer, Sting, John Fogerty, Joan Jett, James Taylor, Aerosmith, Elton John o Sheryl Crow, entre otros. Uno de los momentos más intensos de mi vida fue cuando subí con Chris Martin al escenario de Coldplay, durante su exitosa gira por Estados Unidos. Ese día, Chris tuvo la amabilidad de relacionar sus raíces musicales con «Johnny B. Goode» y le dijo al público: «La razón principal de que hayamos formado esta banda es que hemos visto *Regreso al futuro*». He oído decir lo mismo a mucha gente, desde bandas de mala muerte a miembros del Salón de Fama del Rock & Roll.

Es una película que no sabe hacerse vieja.

Horas de ensayos para conseguir interpretar «Johnny B. Goode».

¡Go, Johnny, go, go!

Un sueño hecho realidad, tanto para mí como para Marty.

Compás de espera mientras Bob y Crispin se aclaran entre ellos.

Tom Wilson y su tropa, los actores Billy Zane, Casey Siemaszko y J.J. Cohen.

Oh, George...

Compañeros en el tiempo. Me encantó trabajar con Chris.

Pillando un medio de transporte en Courthouse Square.

Mi doble de acción, Charlie Croughwell, saltando por los aires.

Bob Zemeckis se pone a mi altura para dirigir.

¿Podéis retirar esa cámara? Estoy intentando escribirle una carta a Doc.

Aparcando con mamá.

Sí, vale, puede que estuviera un poco cansado...

Gritando al viento.

Mirando con preocupación a Chris Lloyd, mientras cuelga del reloj de la torre.

Hora de terminar. Mi último día de rodaje en *Regreso al Futuro.*

Un nuevo famoso.

Aquí fue donde vi por primera vez *Regreso al Futuro*.

Tocando «Johnny B. Goode» con The Who (Gala 2008 de la Fundación Michael J. Fox para la investigación del Párkinson)

Dedicándole a mi madre mi estrella del Paseo de la Fama. ¡Yo también te quiero, mamá!

15

CAJAS TONTAS Y PANTALLAS GRANDES

Existe una diferencia importante entre los ritmos de la comedia televisiva y los del cine. Y eso es algo que Lea Thompson tuvo la oportunidad de descubrir varios años después de trabajar juntos, cuando la eligieron para protagonizar su propia *sitcom* de la NBC, *Caroline in the City*. Siempre generosa, Lea dice que aprendió a dominar la fórmula clásica de la tele (planteamiento + final inesperado = risas) viéndome a mí. También recuerda cómo mi oficio televisivo engrasó la dinámica cómica de *Regreso al futuro*: «Apuesto a que a Chris Lloyd le encantó cuando llegaste, porque los dos teníais ese bagaje de la comedia por haber trabajado en televisión». (Aunque formado y curtido en el teatro, Chris también triunfó en tele como el reverendo Jim, en *Taxi*). Lea añadía: «Seguramente, Chris se sentía mucho más cómodo contigo, porque podía lanzarte la pelota, y tú se la devolvías porque sabías cómo hacerlo, ¿no?».

Para mí, el factor decisivo que diferencia la actuación en televisión de la actuación en cine es la presencia de público en vivo. Como actor cómico de televisión, mi relación con el público del plató es crucial; en un largometraje, no tengo a los de la grada para confabularse conmigo. Todo el proceso cinematográfico va a contracorriente de la tele. Un plató de cine está insonorizado por un motivo: exige silencio absoluto mientras trabajamos. El equipo está entrenado para callar, así que el actor no tiene forma de saber si el chiste ha funcionado o si esa comedia física que ha improvisado es, de hecho, graciosa. Por suerte, en los minutos que mediaban entre el «¡Corten!» de Bob y la siguiente toma, recibía el *feedback* justo del equipo de *Regreso al futuro* para saber si iba por buen camino.

A pesar de todo, mientras se rueda una película, el público puede seguir contigo, aunque no esté físicamente. Me encantaba ver la camaradería de Cary Grant con su audiencia oculta: era como si les dijera a los que estaban en el cine: «Tengo un asiento para ti aquí mismo; siéntate a mi lado». A mí, como actor, me pasa igual. El público tiene que formar parte de lo que hago, pueda verlo o no. Mi planteamiento, cuando interpreto un papel, es preguntarme constantemente cómo lo recibirán los que lo vean. Estoy dispuesto a llevar las cosas al extremo, todo lo que den de sí, con tal de entretener.

Si actúo en televisión, es como si estuviera dentro de una cajita en casa de la gente, y me ven por la rendija de la puerta del baño o mientras hacen un poco de limpieza. Si salgo en una película —sobre todo en los tiempos en que había que juntarse en una sala oscura—, entonces nos quedamos encerrados juntos, mido diez metros, estoy perfectamente iluminado, me miran cientos de ojos por encima de cientos de cabezas, y todos mantienen la vista clavada en los haces de luz que estallan en una pantalla gigantesca. Qué puñetera pasada, ¿no?

Del día a la noche

Había algo apropiado en que mi papel de televisión se rodara en horario diurno. La tele —especialmente las *sitcoms*— es un trabajo luminoso y alegre. Sea *Enredos de familia* o *Padres forzosos*, todo transcurre amablemente, bajo focos brillantes y animado por un público entusiasta. Y si ese público, que asiste en directo, o el de casa están demasiado distraídos para reír cuando corresponde, siempre queda el recurso de las risas enlatadas para rellenar el hueco.

En cambio, una película (sobre todo la que por entonces me tocaba hacer por mis horarios) era asunto estrictamente nocturno. Material de gente mayor, con mucho más presupuesto y una producción acorde.

Los cineastas siempre están en guerra con el sol. O lo persiguen contrarreloj para poder rodar todos los exteriores que exigen luz diurna, o aguardan impacientemente a que se ponga para empezar las escenas nocturnas. La luz diurna no es negociable: es el punto número uno en la orden del día y aparece cuando le da la real gana. Si no te gusta, no puedes llamar a tu representante.

Con la lluvia pasa algo parecido.

Regreso al futuro tenía una relación aún más compleja con la luz que las películas corrientes. Reemplazar al protagonista retrasó la producción dos semanas completas. Bob y su equipo tuvieron que trabajar de día y de noche para terminar la película, con un plan de rodaje hilvanado al milímetro para exprimir cada minuto de claridad u oscuridad. Estaban intentando resolver una ecuación que parecía imposible de cuadrar. Y, en medio, yo era esa fuerza indomable que encajaban allí donde hiciera falta. Era como intentar completar un cubo de Rubik al que se le estaban acabando los cuadrados verdes.

Durante el rodaje de una película, los actores interpretamos nuestras escenas fuera de orden. Un martes, ruedas una escena en la que tu personaje abre una puerta, pero no sales por el otro lado hasta semanas después. En las *sitcoms* con cuatro cámaras, no funcionamos así: ruedas todo de un tirón, en orden narrativo. El episodio está vivo toda la semana, evolucionando con los cambios, incluso mientras se graba. En una película, el guion está, por lo general, cerrado. En *Regreso al futuro* no teníamos el lujo de ensayar y reescribir; Bob plantaba la cámara, rodaba y a otra cosa. Una vez hecha una escena, hecha estaba.

Este desencaje total entre formatos —la tele frente al cine— añadió otra capa de locura a esa montaña rusa que fueron mis meses de pluriempleo.

16

ALEX, MARTY Y MIKE

Desde luego que hay un reflejo de Alex P. Keaton en Marty McFly, y viceversa, pero en esencia son dos tipos distintos. Alex es cerebral, Marty es instintivo. Alex es la tintorería; Marty, el centrifugado y tender al aire. No serían amigos porque no veo cómo podrían conectar. Alex lidera con un aire de superioridad. Es intelectual, un planificador nato. Marty no hace planes y confía en que todo salga bien. Lo que le falta de logística, lo compensa con curiosidad. Es intrépido y audaz. Con él, las posibilidades son infinitas.

En el instituto, yo quizá me habría echado unas risas con Alex e incluso le habría copiado algún examen, pero con quien me habría juntado es con Marty. Por eso me resultó fácil ponerme el chaleco naranja y ser ese tío. Yo era rápido y gracioso como él, y la gente me subestimaba, lo cual me venía de perlas. Muchas de sus características encajaban con las mías: un chaval cabezota que no se achanta, patina, toca en una banda y liga con chicas... Todos esos rasgos, tan suyos, también eran los míos.

Tipos duros y matones

Me sentía identificado con la actitud de Marty, con su disposición a plantarse y defenderse por sí mismo. Yo sabía hacerme el duro y también acomodarme a las situaciones duras. En mi ciudad había un grupito de chavales tirando a violentos. Vivíamos en barrios parecidos, con economías parecidas, pero esos iban por mal camino. Uno de ellos siempre quería pegarse conmigo. Por mi parte, si había que dejar la lata de cerveza y liarse a tortas, pues lo hacía. Por lo general, ganaba él porque era más corpulento, pero al final conseguí arrearle lo suficiente como para que dejara de retarme. Más tarde me descubrió a Bruce Springsteen, y eso cambió mi opinión sobre él.

En *Regreso al futuro,* los tipos duros son Biff Tannen y su pandilla (por cierto, dos de los actores de la pandilla de Biff, Billy Zane y Casey Siemaszko, acabaron convirtiéndose en verdaderas estrellas) y se dedican a torturar a George, aprovechándose de su debilidad. Sin embargo, no ejercen el mismo poder sobre Marty. Marty le suelta un puñetazo a Biff y luego corre como alma que lleva el diablo.

A continuación, os explico cómo he gestionado yo a los matones a lo largo de mi vida (y cómo sigo haciéndolo):

Opción 1: desactivar la situación desactivando al antagonista. La mayoría de los abusones no son muy listos y se les confunde con facilidad. Intenta contarle un chiste, que se ría. Igual te contestan con uno de los suyos («Haz como los árboles, y lárgate de aquí»). Vale, no tendrá gracia, pero te compra tiempo.

Opción 2: Huir.

Opción 3: (Poco fiable, incluso peligrosa.) Devuélvele el golpe. Mejor aún, sé el primero en pegar. Y acto seguido, vuelve a la opción 2. (No sabes cuánto he corrido en mi vida.)

Mi objetivo de niño era la autopreservación. A los matones les encantaba burlarse de mi estatura, que me convertía en un blanco fácil. Tuve que tragarme el catálogo entero de chistes sobre tipos bajitos y toda clase de prejuicios contra la falta de altura, pero lo compensé encarándome con la situación, y no porque fuera buen boxeador, ni siquiera pendenciero. Sabía que, si me acobardaba, me convertía en un blanco aún más apetecible.

Ser bajo me ayudó durante la adolescencia, cuando tenía que interpretar papeles de personajes más jóvenes. En cambio, de adulto se volvió en mi contra cuando aspiraba a papeles de galán frente a actrices más altas. Hace poco escuché un podcast de Robert Downey Jr. en el que hablaba de actores como yo, que han tenido que «saltar por encima de su estatura» para ser tratados como iguales en un negocio de «mucha altura».

Lamento que estos prejuicios afectaran sin quererlo yo a otra compañera de *Regreso al futuro*, Melora Hardin, la talentosa actriz que había hecho de Jennifer, la novia de Marty, junto al perfectamente alto Eric Stoltz. Melora, que era varios centímetros más alta que yo, fue sustituida cuando yo pasé a interpretar a Marty. Al principio, Zemeckis pensó que quizá al público le daría igual la diferencia de altura entre ella y yo, pero luego preguntó a varias mujeres del equipo y todas le aseguraron que la chica alta y guapa del instituto rara vez elige al bajito simpático.

Nadie pidió mi opinión, pero yo habría defendido a Melora.

Esto me recuerda una cita de Alan Ladd, estrella de las películas de cine negro de los años 40, que distinguía entre actor bajito y estrella bajita: «Un actor bajito se sube a una caja de manzanas; una estrella bajita hace que los demás se metan en una zanja».

En lo de bajito, cumplía con mi papel y jamás pensé en hacerme pasar por más alto delante de la gente del cine. Lo único que quería poner lo más alto posible era la calidad de mi trabajo.

Hombre de método

Me encanta la escena de *Regreso al futuro* en la que Biff le da un empujón a Marty en la cafetería, y este le responde con otro empujón, aún más fuerte. Se trata de una reacción puramente instintiva, pero cuando vi la película terminada reconocí algo en los ojos de Marty: temple, resolución, una reacción impulsiva ante la amenaza. Claro, era mi cara, así que procesé aquellos sentimientos por dentro. Fue una experiencia visceral.

No me considero actor del método. No suelo usar esas herramientas, pero tampoco las critico y considero que es un enfoque válido para algunos. Aun así, es cierto que, en mis escenas con Biff, el método me permitió echar mano a mis recuerdos y sensaciones de haber sido maltratado, y el resultado fue intenso y efectivo. Estaba interpretando a un personaje y, sin embargo, también era yo mismo. Habría reaccionado igual que Marty, justo antes de que me estamparan contra el suelo.

17

DOBLES A ESCENA

Charlie Croughwell necesitaba un curro. Recién aterrizado de la Costa Este, llevaba un mes tratando de colarse en el negocio del cine como especialista. Antes de irse de Nueva York, un amigo le había dado el nombre del único coordinador de especialistas que conocía en Hollywood: Max Kleven.

«En aquella época —explica Charlie—, había que buscarse la vida. La única manera de encontrar trabajo era presentarte ante el coordinador de especialistas de algún proyecto, lo que significaba colarte en un estudio, averiguar qué se estaba rodando ese día y salir a la caza de algún coordinador, rezando para que necesitara contratar gente.»

Con las medidas de seguridad actuales, el plan suena a locura. Charlie admite que lo echaron de varios estudios, pero insistió.

«Una tarde de enero de 1985, me colé en los Estudios Universal. Lo único que se rodaba ese día era *Regreso al futuro*, así que agarré una orden de rodaje, con la lista del equipo clave de esa jornada, y busqué el nombre del coordinador de especialistas: era Max Kleven.

»Me fui corriendo al plató de la Plaza del Ayuntamiento, localicé al primer ayudante de dirección, David McGiffert, y le pedí que me señalara a Max. Enfilé hacia él con la mano extendida para presentarme y, en ese preciso momento, Mike dobló la esquina y fue directo hacia Max. Llegamos hasta él los dos a la vez.»

Recuerdo la escena como si fuera ayer. Estaba en mi segunda semana de rodaje y deseaba hablar con Max para decidir qué trucos haría yo y de cuáles se encargaría un doble. Vi que Max estaba hablando con alguien que parecía tener mi edad y una estatura similar a la mía, de modo que le pregunté a Max: «¿Él va a ser mi doble?».

Charlie se ríe al recordarlo: «Yo apenas había tenido tiempo de presentarme, así que, cuando Max te miró a ti, luego me miró a mí y dijo: "Sí, será tu doble", me quedé de piedra. Luego, me diste una palmada en la espalda y te marchaste tan tranquilo. Max se volvió hacia mí y me preguntó: "Oye, tú trabajas como doble en escenas de acción, ¿verdad?"».

Una hora después, Charlie iba vestido de Marty McFly y subido a un monopatín, mientras el malvado Biff Tannen lo empujaba marcha atrás con su coche.

Sin Charlie no existiría *Regreso al futuro* tal y como lo conocemos. Suena rotundo, sin embargo, el día que apareció en el plató como el genio salido de una lámpara, encajó la última pieza. Tenía cuerpo de *jockey*, pero musculatura de estibador. Un tipo pequeño, pero matón, no sé si me tendéis.

Luego supe que su primera escena fue motivo de discusión entre Zemeckis y su primer ayudante. David recuerda: «No suelo hacer estas cosas, pero tuve que plantarme con Bob porque él quería que fueras tú sobre el monopatín delante del coche, empujado por el parachoques. Tenía pensada una angulación que solo funcionaba si lo hacías tú y decía: "Sí, quiero que lo haga Michael". Y yo: "Bob, no puede. No puedes poner a tu protagonista ahí. Aunque sea poco probable, si acaba bajo las ruedas del coche, será el final de la película"».

Pero Bob quería su plano e insistió otra vez en que lo hiciera yo, y entonces David, en un raro gesto de rebeldía, dijo: «Vale, pero entonces voy a poner en la claqueta una nota que diga: "El primer ayudante se opone"». Y, llegados a ese punto, Bob cedió.

Yo hice gran parte de mis acrobacias con el monopatín en la película, incluido agarrarme a algunos coches que circulaban por la plaza. Pero las locuras eran de Charlie. Fue él, no yo, quien voló de punta a punta por encima del descapotable de Biff para caer de nuevo sobre el monopatín que salía por el otro lado. Por suerte, Bob sabía que yo no tenía licencia para pilotar alfombras voladoras. Ese truco se hizo con una Western Dolly montada en la parte trasera del coche de Biff. Charlie lo cuenta: «Corrí por encima de los tíos, me deslicé por el maletero y caí en la Dolly. Luego hicimos un inserto de mis pies aterrizando en el monopatín. Y es Tom Wilson quien conduce todo el rato. Lo coordiné con él y con los chicos para que no se me pusieran en medio y evitar aterrizar encima de alguno de ellos».

La película abre con una de las acrobacias características de Charlie: la explosión del amplificador en el garaje de Doc. La escena empieza mostrando mis pies mientras cruzo el garaje, luego mis manos cogiendo aquella guitarra enana y toqueteando los interruptores del amplificador. Lo complicado venía después. Lo más difícil para mí fue mantener la púa clavada justo en el centro del encuadre en un primerísimo primer plano. Yo rasgueo hacia arriba las cuerdas de la guitarra y, a partir de ahí, Charlie ocupa mi lugar. Tras cambiarnos de sitio, enchufa el cable, el amplificador explota, y él sale disparado gracias al pistón neumático que lo catapulta hacia atrás.

En el mundo ideal habría caído en la colchoneta que lo esperaba fuera de cuadro. Por desgracia, en la primera toma no estaba bien alineada y Charlie aterrizó un pelín al oeste, contra una pared sin acolchar. Pero no se inmutó, volvió a su marca como si nada y repetimos. A la segunda, salió perfecto.

Lo gracioso de Charlie es que, cuando una pirueta salía mal, como esa primera toma con el pistón neumático, se sentaba a mi lado sin quejarse. Entonces se nos acercaban otros especialistas, el operador, el foquista, gente del equipo para alabar su trabajo.

—Menuda cabriola, Charlie. ¿Todo bien?

—Ajá.

—¿No te has hecho daño?

—Qué va. Estoy de lujo —sonreía, sin despeinarse.

Y cuando ya se habían ido todos, respiraba hondo, se agarraba las costillas (o el brazo, o el pie, o la cabeza), se inclinaba hacia mí y me susurraba:

—La madre que... Eso ha dolido.

Lo que Charlie no tuvo que hacer fue conducir el maldito DeLorean. McGiffert recuerda que los especialistas lo odiaban con toda su alma. «El interior era estrecho y estaba lleno de aristas cortantes, pero lo que de verdad los sacaba de quicio era que el chasis se retorcía. Cada vez que intentaban hacer un trompo tirando del freno de mano, el coche no obedecía. Les hacía quedar mal, lo que les molestaba.»

Aunque a mí eso de hacer cabriolas no me saliera de forma innata, es parte de las cosas que hacemos los actores. Si un director me dice: «Mañana tienes que ser una lata de Coca-Cola», yo tengo que averiguar la mejor manera de ser esa lata de refresco. Habrá quien no pueda o no quiera, pero yo estaba dispuesto a todo.

Años después de *Regreso al futuro* rodé *Los codiciosos*, donde hacía el papel de un jugador de bolos profesional. Les prometí que no necesitarían contratar a un doble y les aseguré que sería capaz de hacer lo que me pidieran. Solo había un problemilla: jamás había sido bueno jugando a los bolos. Al final, para convertirme en un profesional convincente, los productores me asignaron dos expertos, que usaban la técnica de la «visualización». La cuestión es que me puse a visualizar el gesto del *strike*, lo que me permitía practicarlo, pero sin hacerlo, ¡y funcionó! En la película encadené un *strike* tras otro, y el director solo tuvo que recurrir a mi doble en contadas ocasiones.

Una semana después de acabar, me fui a la bolera con unos amigos, convencido de mi recién adquirida técnica. Fue penoso. Volvía a ser el Mike de siempre, no un actor haciendo de profesional de los bolos, y no me salió ni un buen lanzamiento. Todos al canal.

18

NO TE APARTES DE LA LÍNEA

Crispin Glover no es una de esas personas que se dejan encasillar fácilmente ni tampoco de las que se dejan llevar de la mano por el camino correcto si cree que no es el suyo. Sin embargo, eso no impidió que el equipo de cámara tuviera que hacerlo en un momento dado del rodaje. En su papel de George McFly, Crispin tenía ideas muy concretas sobre cómo y por dónde debía moverse su personaje, y eso acabó generando fricciones, tanto con Bob Gale como con Zemeckis. Todo estalló en una escena clave.

Los chicos están haciendo la colada mientras Marty le vende a George el plan para conquistar a Lorraine. Marty está convencido, pero George duda. Así estaba en el guion:

EXTERIOR. PATIO TRASERO DE GEORGE — DÍA

GEORGE Sigo sin entenderlo. ¿Cómo voy a ir al baile con ella si ella va a ir contigo?

MARTY Ella quiere ir contigo, George, solo que aún no lo sabe. Por eso tenemos que demostrarle que tú, George McFly, eres un luchador, de esos que pelean por una buena causa. Alguien capaz de protegerla.

GEORGE ¡Pero si yo nunca me he peleado con nadie!

MARTY No vas a tener que buscar pelea, papá. Digo... tío. Solo vas a rescatarla. Será mejor que repasemos el plan. ¿Dónde estarás a las 8.55 horas?

GEORGE En el baile.

MARTY ¿Y dónde estaré yo?

GEORGE En el aparcamiento, con ella.

MARTY Bien. Pues sobre las 9.00 horas, ella se va a enfadar muchísimo conmigo.

GEORGE ¿Y por qué se va a enfadar contigo?

MARTY (Le cuesta decirlo.)

Porque... bueno... Porque a las chicas decentes les cabrea que los tíos intenten aprovecharse de ellas.

GEORGE ¿Quieres decir que vas a...? ¿Que vas a tocarle las...?

MARTY No, George. Solo será teatro. No te preocupes. Tú recuerda que a las nueve pasarás por el aparcamiento, nos verás... —(traga saliva)— forcejeando en el coche, te acercarás, abrirás la puerta y dirás... ¿?

(George no dice nada.)

Tu frase, George. Di tu frase.

GEORGE Ah, sí. «¡Eh...! ¡Eh, tú! ¡Quítale tus sucias manos de encima!»... ¿De verdad tengo que decir palabrotas?

MARTY Sí, sin duda. Maldita sea, George, tienes que decir palabrotas. Luego me pegas en el estómago, yo caigo redondo y tú y Lorraine sois felices y coméis perdices.

GEORGE Haces que todo suene tan fácil... Ojalá no me diera tanto miedo.

MARTY No hay nada que temer. Solo hace falta un poquito de confianza. Puedes hacerlo, George. Si te lo propones, puedes conseguir cualquier cosa.

Para esta escena, Zemeckis ideó una serie de planos muy ingeniosos. Nos movíamos en paralelo al tendedero. Yo decía mi texto avanzando recto hacia la cámara, mientras George quedaba encuadrado al fondo, con las pinzas en la mano. Al acercarse, Crispin tenía que mantenerse en un «carril», entre el tendedero y yo.

Pero Crispin tenía otros planes. Apuesto a que veía a George como un alma errante, un espíritu libre que va a su bola; en este caso, en perpendicular a la cámara.

Yo quería evitar la bronca, pero sabía que íbamos muy justos de tiempo, así que apelé a Crispin, de actor a actor y le dije en voz baja: «Mira qué chulada de movimiento de cámara. Bob ha ideado el plano con el tendedero en vertical y nos tiene a nosotros yendo y viniendo sobre esa línea». No sé si me entendió, de modo que a continuación probé con un tono más cómplice: «Entiendo que quieras ir por libre, pero aquí lo importante es que, si no permaneces dentro del encuadre que Bob ha planificado, no vas a salir en plano».

Crispin me miró como si yo fuera una especie de cucaracha y, pese a mis súplicas, siguió saliéndose del plano. Al final, un ayudante de cámara improvisó un minipasillo con sacos de arena y soportes de focos, con el que literalmente guio a Crispin para que respetara los límites del plano. Fue la única manera en que Bob pudo conseguir la secuencia que quería.

La escena es un buen ejemplo de lo absolutamente hipnótico que podía ser Crispin como actor. Me encantaba trabajar con él. Su talento era indiscutible, aunque sus métodos provocaran controversias. Aun así, yo lo respetaba por lo fiel que era a «su» George (tal y como él lo entendía y lo encarnaba).

A mí y al resto de los actores nos fascinaba esa perspectiva suya, tan personal, pero al director o al equipo técnico les fascinaba mucho menos. Lo veo frente a mí, en nuestras escenas: caderas ancladas, recitando sus diálogos mientras brazos y cabeza se movían por libre, con una musicalidad que solo él oía. Lea Thompson lo definió a la perfección: «Era intrínsecamente gracioso en su rareza, en cómo encaraba el trabajo. Yo diría que Crispin hacía *commedia dell'arte.* A ratos, parecía moverse como un muñeco, como una marioneta».

Yo soy un hombre de esos a los que les gusta y se les da bien bailar, pero Crispin era de los que bailan con una musa invisible.

Las películas se ruedan fuera de orden, así que la siguiente escena del plan del día iba antes en la secuencia de 1955: Marty aborda a George frente a su casa, rogándole que invite a Lorraine al baile. George se niega en redondo y le dice: «Mira, no estoy preparado para invitar a salir a Lorraine. Y ni tú ni nadie en este planeta me vais a hacer cambiar de idea». Y, dicho esto, Crispin cogió una escoba (que, sin que lo supiera el equipo ni el director ni su compañero de escena, había escondido entre el decorado) y se puso a barrer con brío, dando grandes y enérgicos escobazos.

«¡Corten!», estalló Bob. Estaba claro que Zemeckis le había dado a Crispin toda la cuerda posible, pero yo sospechaba que se le iba agotar en cualquier momento y no sabía si, con la poca que le quedaba, iba a colgarlo del árbol más próximo o iba a colgarse él. Lo mejor era sentarse y disfrutar del espectáculo. Con mi falta de sueño, toda la escena tenía un aire de febril ensoñación.

Al final, seguimos adelante porque la escena ya estaba hecha, y Bob acabó dándose por satisfecho. Al fin y al cabo, podría retocarla en la sala de montaje. Como solía decir, «hay margen de sobra para meter las tijeras».

Crispin y yo volvimos juntos a nuestras caravanas.

—Oye, ha estado genial —le dije—. Pero ¿a qué venía todo eso de la escoba?

Crispin se detuvo, plantó los pies, hizo su característico baile de marioneta, brazos al viento, palmas hacia arriba, la cabeza ladeada, como si no diera crédito a tener que explicarlo, y finalmente lo explicó:

—Ha sido un barrido de indignación.

—Aaaah, claro. Muy bien. Lo pillo.

No, no lo pillaba. En absoluto.

Aquel mismo día, mi hermana Jackie y su hijo pequeño, Matthew (que ahora ronda los 50 años), habían venido a visitarme desde Canadá. Les fascinó el trabajo de Crispin y alucinaron con el trajín del maravilloso mundo del cine. Mi sobrino era fan total de He-Man, el héroe de *Masters of the*

Universe, y yo saqué tiempo de no sé dónde para llevarlo a ver la nueva peli de He-Man aquel fin de semana. No sabría decir qué fue lo que vi, y apuesto diez dólares a que me dormí durante toda la película. Lo relevante es que al personaje de Hordak —el mentor de Skeletor— le ponía voz George DiCenzo, que también hacía de padre de Lorraine en *Regreso al futuro* («¡Stella! ¡Otro condenado crío se me ha tirado delante del coche!»). Así pues, convencí a George para que se acercara por detrás a Matthew y soltara la frase estrella de Hordak: «¡Dulces sueños, doncella musculosa! ¡Se acabó el señor Robo-Majo!». Matthew flipó en colores, como cualquier crío de 7 años. Yo tenía 23, y me reí con él.

Esa noche, después de cenar en mi tráiler, me senté a tomar el aire en los peldaños de la entrada y vi a Chris Lloyd haciendo lo mismo, justo enfrente. Chris era extremadamente tímido y prácticamente no habíamos tenido ocasión de charlar. Pensé: quién sabe, quizá rompamos el hielo con una buena conversación. No hubo manera. Fanático de los tentempiés, estaba absorto en un plato de exquisiteces meticulosamente seleccionadas de la mesa de nuestro catering. Me disponía a hacer algún comentario acerca del tiempo o de los Dodgers, pero entonces empezaron a llegarnos las acaloradas voces de Zemeckis y Crispin. No recuerdo las palabras exactas, pero el tono de ambos era tajante: Bob no estaba contento con Crispin, y Crispin no estaba contento con Bob. La discusión sonaba cada vez más cerca. Chris me miró, arqueó las cejas y, con una sonrisilla, recogió su botín y se retiró a su guarida. Yo hice lo propio y cerré la puerta del tráiler. Ninguno queríamos formar parte de aquello que se estaba cociendo entre nuestro director y nuestro compañero. Nos gustaba nuestro trabajo.

Aunque conocía a Crispin Glover de antes de *Regreso al futuro*, no diría que estaba preparado para actuar con él. No hay manera de prepararse para Crispin. Con Chris Lloyd podía olerme por dónde iba. Ni él ni Crispin hacían dos veces lo mismo, pero Chris, actor de teatro de formación, estaba mucho más anclado al texto, y eso me daba una constante a la que agarrarme. Con Crispin nunca sabías qué iba a decir o hacer, y tampoco estoy seguro de que él lo supiera.

Habíamos trabajado juntos el año anterior, cuando fue la estrella invitada de un episodio de *Enredos de familia* titulado «Birthday Boy». Hacía de amigo de Alex, junto con John Putch, el hijo de Jean Stapleton. Para celebrar el decimoctavo cumpleaños de Alex, los tres cruzaban la frontera estatal —de Ohio a Virginia Occidental—, donde se podía beber legalmente. Putch invitaba a su mesa a tres chicas guapas y presentaba a Alex como «el coronel Keaton, piloto de la Fuerza Aérea a las puertas de su primera misión». Alex le seguía el juego y añadía que sería una misión en solitario. Crispin remataba, diciendo: «Sí, y yo voy con él». La frase se llevaba un buen aplauso.

Alex se metía después en una batallita hiperbólica sobre apurar su reactor hasta Mach 2 durante unos entrenamientos, y las chicas lo escuchaban, embelesadas. A medida que Alex subía y subía la apuesta, Crispin detectaba el peligro: Elyse Keaton había llegado al bar para llevárselo. Entonces, Crispin me interrumpía: «Disculpe, coronel Keaton. Su madre acaba de llegar». La manera en que decía aquello arrancaba una de las carcajadas más ruidosas de la escena.

Lo interesante de Crispin como actor es que no tenía conciencia del público. No intentaba exprimir las carcajadas. Era naturalmente gracioso, y lo clavaba toma tras toma.

Opino lo mismo acerca de su trabajo en *Regreso al futuro*. Cada vez que me topo con la peli, mi respeto por él aumenta. Mientras preparaba este libro, le escribí una carta: «Tu interpretación me parece más rica y profunda cada vez que la veo. De hecho, me salto mis trozos para ver los tuyos. Es verdad que no hablamos mucho durante el rodaje, así que nunca te dije que eres un actor brillante y que fue un privilegio trabajar contigo».

19

¡GUAU, QUÉ FUERTE!

26 de abril de 1985

El final del rodaje de *Regreso al futuro* no llegó con fuegos artificiales. Tampoco fue un susurro, pero sí más discreto de lo que yo esperaba. Durante la semana anterior, el resto del reparto había ido, uno a uno, terminando sus últimas escenas y firmando su finiquito. Quedamos Bob Zemeckis, Bob Gale, yo y un equipo mínimo en los campos de labranza que rodean Chino, en California. Tras tres meses y medio de rodaje —cuarenta días de los cuales los pasé además grabando *Enredos de familia*—, aquello era el final.

¿Y qué recuerdo de ese último día? Pues no recuerdo nada. Cero. Nada de nada. Por suerte, cuento con Bob Gale para refrescarme la memoria.

Mi jornada final arrancó con Marty, recién caído en 1955, conduciendo el DeLorean como alma que lleva el diablo. Al coche le quedaba poco plutonio y, de repente, tosió y se detuvo. A esas alturas, los dos estábamos sin combustible. Aunque no tardaría en librarme de él, yo todavía llevaba puesto el traje antirradiación amarillo. Cuando llegara el momento de quitármelo para siempre, sería un momento feliz tanto para Marty como para mí.

En el siguiente plano, Marty oculta el DeLorean tras lo primero que encuentra, que no es otra cosa que una valla publicitaria en la que se anuncia la inminente construcción de Lyon Estates, la urbanización donde vivirán los McFly en 1985. A continuación, intenta hacer autostop a un Buick de los años 50 en una carretera vacía, pero el conductor y su mujer, acojonados, no quieren saber nada de ese chaval tan raro que viste un chaleco naranja de plumas.

Por fin, el último plano: Marty echaba a andar carretera adelante, hacia su futuro (¿o era su pasado?).

Eso mismo hice yo. Mi trabajo allí había acabado y me encaminaba hacia un futuro más brillante y más extraño de lo que jamás habría imaginado.

Con toda sinceridad, puedo decir que no tenía ni idea de lo que todo aquello significaba, porque no había visto ni un minuto de *dailies* ni del montaje. Por lo tanto, cuando me preguntan si yo sabía que *Regreso al futuro* estaba destinada a convertirse en un clásico del cine estadounidense, junto a *¡Qué bello es vivir!*, mi respuesta sincera es «no». Como suele decir nuestro productor, Neil Canton: «No hay manera de saber en el momento si algo será icónico. No te sientas a escribir un libro sabiendo ya que será un bestseller».

Cuando terminamos, yo estaba demasiado agotado para buscar indicios de futuras grandezas. Tenía otras cosas en la cabeza. Planeaba unas minivacaciones y, después, tenía que volar a Inglaterra para rodar una película de televisión basada en *Enredos de familia*.

Zemeckis y Gale tampoco eran conscientes del éxito que les esperaba. Sin embargo, algo de eso empezó a hacerse evidente tras la proyección de un primer montaje para los productores, Steven Spielberg, Frank Marshall y Kathy

Kennedy. Decir que quedaron entusiasmados sería quedarse muy corto.

El equipo creativo decidió organizar un pase preliminar de la película sin terminar, ante un público de prueba en San José (lo increíble es que lo lograron a mediados de mayo, apenas tres semanas después del final del rodaje). Los departamentos de Marketing y Prensa del estudio usan estos pases para medir el éxito potencial de una película ante distintos tipos de público, y este arrasó. Neil Canton recuerda: «Bob Z., Bob G., Steven, Frank, Kathy y yo volamos a San José. No queríamos a nadie de Universal, salvo al jefe de marketing. Estábamos nerviosos porque la película nos encantaba, pero nunca sabes cómo va a reaccionar el público. Bob dio un discursito al principio, advirtiendo de que faltaban efectos y tal, para que la gente supiera que no era la versión definitiva. A mitad del pase, Steven se inclinó hacia nosotros y susurró: "Va a ser un exitazo"».

Tanto Gale como Zemeckis alucinaron con lo rápido que el público se enganchó, incluso a los detalles pequeños de la historia. Zemeckis recuerda: «La gente entró en la película desde el arranque. Y yo estaba allí, sentado, pensando: esto va a ser la bomba cuando vean cómo termina». Al encenderse las luces de la sala, el público prorrumpió en aplausos y vítores. Algo rarísimo en el pase de una peli inacabada.

Previamente se habían repartido entre los asistentes tarjetas para puntuar y dejar comentarios. Neil recuerda: «Tuvimos un 99 por ciento en las dos casillas de arriba: "Película excelente" y "La recomendaría sin duda". El de marketing nos dijo que ninguna película de Universal había puntuado tan alto».

«Fue uno de los grandes momentos de mi carrera», asegura Bob Zemeckis. A día de hoy, Bob conserva clavada en su corcho una de aquellas tarjetas manuscritas del público, donde alguien escribió: «Es la película más genial que he visto. Es una puta montaña rusa».

El jefe del estudio, Sid Sheinberg —que había cumplido su palabra de cambiar de actor protagonista meses atrás—, exigió otro pase para confirmar la respuesta. Se hizo en el Hitchcock Theatre, de la propia Universal, y volvió a reventar las estadísticas. Zemeckis rememora: «Cuando terminó y se vació la sala, Sid se levantó y dijo dos cosas: primero, "No toquéis ni un fotograma". Y segundo, "Quiero que esto se estrene en el puente del 4 de julio"».

La buena noticia era que el 4 de julio es una de las semanas más potentes del año en cuanto a taquilla. La mala: que ninguna película de este tamaño había quedado terminada en tan poco tiempo. Hacían falta efectos complicados, y con la música siendo tan central, Alan Silvestri todavía tenía que escribir toda la partitura y grabarla. Los dos montadores, Arthur Schmidt y Harry Keramidas, llevaban ya días trabajando a destajo, y ahora todo el equipo de posproducción (sonido, mezclas, corrección de color, etc.) se enfrentaba a un reto formidable: entregar *Regreso al futuro* en menos de diez semanas desde el último día de rodaje. El futuro era ya. Todos metieron la directa y se pusieron a trabajar por turnos, día y noche, para tener la película lista el 3 de julio.

«Nos quedaban muchos efectos por acabar —recuerda Frank Marshall—, pero lo conseguimos. Hicimos la posproducción en un tiempo récord. Como todo lo que rodeó *Regreso al futuro*, fue algo completamente de locos». Kathy añade: «Nadie había terminado una película de ese modo y eso fastidió a las que vinieron detrás. Desde entonces, los estudios intentaban imponer fechas imposibles. Te decían: "Si los de *Regreso al futuro* lo hicieron, ¿por qué tú no?"».

De lo sublime a lo ridículo

Tras el subidón creativo de rodar un material tan fantástico, lo siguiente que hice fue irme a Londres a interpretar la película de televisión de *Enredos de familia*, que estaba pensada como gran gancho de audiencia para lanzar nuestra cuarta temporada. No salió bien. Hay muchas razones que hacen que una comedia de situación, con sus cuatro cámaras y arropada por el público del plató, funcione bien. Sin embargo, cuando rodamos aquella película, estábamos fuera de nuestro elemento y el resultado fue un maldito desastre.

El 3 de julio de 1985 se estrenó *Regreso al futuro* en Los Ángeles, pero sin mí. Me dio pena perderme la fiesta, con todo lo que había currado. La película de televisión había sido en parte idea mía, y no me creía lo tonto que había sido. Estaba claro que acababa de pegarme un tiro en el pie. Dos noches antes del estreno, empecé a intuir el potencial explosivo de *Regreso al futuro*. El teléfono de mi hotel londinense sonó en mitad de la noche con ese doble timbrazo *vintage*. Era mi abogado (y futuro agente), Peter Benedek, que llamaba para decirme:

—Mike, acabo de ver un pase avanzado de tu película.

Medio dormido, murmuré:

—Lo siento, Peter. Seguro que la he cagado. La próxima vez lo haré mejor.

—No, no lo entiendes. Es increíblemente buena. En Universal dicen que será la número uno del verano.

Al día siguiente, entre plano y plano de Alex P. Keaton correteando por Hyde Park, los de Universal solicitaron lo que me parecieron miles de entrevistas vía satélite sobre *Regreso al futuro*. Acepté los elogios con humildad, pero tuve que hacer un esfuerzo para creérmelos porque todavía no había visto la película.

Hacia el futuro

Por fin dejamos que la película de televisión durmiera el sueño de los justos, que es donde tendría que haberse quedado. Como no podía ser de otra manera, el resultado final fue tan malo como pronosticábamos. Michael Weithorn se marchó de Londres unos días antes que yo, de vuelta a Estados Unidos, para preparar el siguiente bloque de guiones. (Apunte: pese al tropiezo inicial, la cuarta temporada de *Enredos de familia* marcó el cénit creativo de la serie, que acabaría segunda en los audímetros aquel año.) Al salir del aeropuerto, Weithorn pasó junto a una valla gigantesca de *Regreso al futuro*. Fue el primer atisbo que tuvo de las dimensiones que iba a adquirir la película y de la fama mundial que iba a alcanzar su amigo. «¡Mira eso! —exclamó—. ¡Mira a Mike, tío! ¡Es la hostia!»

Cuando volví a Los Ángeles, me encontré con un mundo distinto del que había dejado. Una limusina me recogió en el aeropuerto, y le pedí al chófer que me llevara al Cinerama Dome, el templo histórico de Hollywood donde se proyectaba *Regreso al futuro*. A una manzana del cine, asomé la cabeza por el techo corredizo del coche para ver mejor la cola de espectadores que esperaban para comprar una entrada. Lo reconozco, fue un tontería, y el numerito nos valió que nos parara un motorista de la policía. Le expliqué al agente que yo era el tipo del cartel y que iba a ver la película. Cuando echó un ojo al póster y luego a mí, le cambió la cara. Soltó una risa y nos dejó seguir: «Disfrute de la película».

Esperé a que empezara la sesión para colarme en la oscuridad y me senté detrás de una chica rubia. Parecía estar encantada. Al terminar los créditos, se dio la vuelta y, sorpresa, era Jodie Foster. Me miró y salió pitando antes de que se formara un tapón.

A pesar de la presencia de celebridades como ella, no me había metido en un pase para profesionales del cine. Lo que tenía delante era público de verdad, un público que había pagado su entrada y se había pasado todo el rato vitoreando, aplaudiendo y jaleando. Cuando la película acabó, me dio la impresión de que nadie quería levantarse. Y también intuí, por la reacción de la gente, que quizá lo más prudente era salir por piernas. Jodie, que conoce el lado peligroso de la fama, debía de tener la misma alergia a quedarse en la sala y ser reconocida, porque había desaparecido en un abrir y cerrar de ojos. Ella sabía lo que yo estaba a punto de aprender: que la gente te mira de otra manera cuando te acaba de ver proyectado en una pantalla de 10 por 26 metros. Me entró un pánico súbito, no ya a que me arrollaran —como las fans adolescentes de *Enredos de familia*—, sino a que esta multitud literalmente me devorara. Era otro nivel. Mi vida había cambiado otra vez y alcanzaba unas alturas muy superiores al torbellino de fama que había conocido gracias a la televisión.

¿Y qué me pareció *Regreso al futuro*? Pues me encantó. Un chute al cien por cien de pura adrenalina, tanto para mí como para la gente apretujada en la sala. Y sí, ese de ahí era yo. Increíble. Me moría de ganas por hablar con todos los implicados —productores, reparto, equipo— para expresarles el orgullo que sentía por lo que habían hecho y lo que había supuesto trabajar con ellos. Las dificultades del cambio de protagonista, las horas de trabajo, el cansancio. Todo había merecido la pena. Sentía que entraba en una especie de abrazo colectivo, y tenía la suerte de vivirlo.

Me sentía muy agradecido a los dos Bob, por su fe en mí. Y, por supuesto, a Steven, porque nada de aquello habría pasado sin él. Todo el reparto merecía los mayores halagos, desde Chris, Crispin, Lea y Tom, pasando por James Tolkan (el director Strickland), Frances Lee McCain (la madre de Lorraine), Donald Fullilove (Goldie Wilson), Elsa Raven (la señora de «Salvemos la torre del reloj»), hasta los empleados de la gasolinera Texaco. Todos estuvieron formidables.

Era, claramente, una película de una generación. La única duda que tenía era respecto a mi propia actuación. No creía haberlo hecho mal, pero me faltaba una referencia con la que compararme.

Demasiadas casualidades felices me habían llevado hasta ese momento. Que, con tantos factores en contra, la película existiera, ya era un milagro. No sé cuántas veces me lo comentó Bob Gale. «Rechazaron el guion 42 veces. Nos repetían: "Las pelis de viajes en el tiempo no dan dinero", y era verdad. No había habido ninguna realmente exitosa.»

Ninguna hasta 1985.

Según Bob: «Una de las razones por las que funciona tan bien es que el viaje en el tiempo es accidental. Marty no quiere ir a 1955. Ocurre por accidente. Y una vez allí, lo único que quiere, como en *El mago de Oz*, es volver a casa. Sin embargo, aprovecha el pasado para conocer a su padre de joven y establecer una relación maravillosa con él e infundirle confianza. Y, gracias a eso, cuando vuelve, consigue que su casa sea mejor de lo que era cuando la dejó».

Toda buena historia tiene un buen héroe, y esta tuvo más de uno, empezando por Steven Spielberg, que apadrinó el proyecto cuando nadie quería hacerlo; siguiendo con Sid Sheinberg, que fue un hombre de palabra; pasando por el reparto y el equipo, tan entregados que aceptaron poner su vida patas arriba y empezar de nuevo; y acabando con Gary Goldberg, que arriesgó su sueño para permitir el mío.

Echo de menos a Gary. Falleció, de forma inesperada, demasiado joven. No hace mucho, supe que recibió presiones de algunos colegas de profesión cuando me abrió el camino para hacer *Regreso al futuro*. Le decían que era un error, que podía costarle su serie. «Si Michael J. Fox se convierte en una estrella de cine —le advertían—, te va a dejar tirado.» Yo le debía la carrera a Gary, y él era como de la familia. Mi mentor sabía lo que yo tenía claro en mi interior: que, pese a lo que pudiera ocurrir, jamás abandonaría *Enredos de familia*.

Desde el principio y hasta el final, los héroes supremos fueron Bob Zemeckis y Bob Gale. Con una pericia alucinante, idearon y desarrollaron un relato nacido de una pregunta que se había hecho Gale en su día, cuando cayó en la cuenta de que había ido al mismo instituto que su padre: ¿Habría sido amigo de su padre de haberlo conocido siendo adolescente? Él y Bob convirtieron aquella idea en una historia que captó el interés del público de su época y... del futuro.

Después de ver *Regreso al futuro* en el Cinerama Dome, localicé a mi chófer en el aparcamiento y le pedí que me llevara a Cahuenga Pass. Pasamos frente a la iglesia de Franklin con Highland, donde rodamos «Johnny B. Goode»; luego, giramos a la izquierda por la curva que rodea los Estudios Universal; y, por fin, subimos hasta mi nueva casa, en Laurel Canyon.

Fue un viaje corto: pese al tráfico, solo me llevó seis años.

Las fuerzas mágicas que mantuvieron a flote esta película siguieron empujándola en la taquilla. *Regreso al futuro* fue la película de más éxito de 1985, y se pasó casi tres meses en el número uno. Con los años, la franquicia ha superado los mil millones de dólares.

Qué Navidad tan feliz

No fue hasta una Nochebuena, décadas después, cuando vi mi actuación desde otro prisma. Mi familia acababa de empezar a decorar el árbol y yo me fui a la cocina a por palomitas. Para su sorpresa, no volví. Al pasar por el cuarto de estar, me atrapó el parpadeo del televisor y una secuencia muy familiar. Una hora después, Tracy me gritó:

—¿Qué haces todavía en el salón?

—Estoy viendo *Regreso al futuro* —le contesté—. ¿Y sabes qué? Creo que estoy muy bien en esa película.

No sé por qué nunca lo había asumido del todo, pero, en ese instante, me permití reconocer en toda su dimensión mi aportación a esta película maravillosa.

Cierra los ojos y deja que te vengan a la cabeza los compases iniciales de la banda sonora de *Regreso al futuro*. Ahora imagina que no la oyes por los altavoces de tu tele o del cine, sino en directo, interpretada por una orquesta de 90 músicos, la Filarmónica de Nueva York, nada menos, y que siguen tocando hasta la última nota de la partitura. Me apuesto lo que quieras a que al final te darás cuenta de que no es solo música de cine de la buena, sino un resumen extraordinario del cancionero estadounidense.

Viví esta experiencia —como otras casi 2.000 almas— esta primavera, dentro del ciclo «The Art of the Score» de la Filarmónica. El programa de esa noche en concreto giraba en torno a la famosa banda sonora de Alan Silvestri para *Regreso al futuro*, que la orquesta interpretaba al mismo tiempo que proyectaban la película ante el auditorio abarrotado del Lincoln Center. Alan salió a recoger su merecida ovación y luego señaló que yo también estaba allí, viendo la peli como cualquier fan que se precie. Fue un subidón verla de nuevo en esas circunstancias, con público y en vivo, y comprobar que, cuarenta años después, la gente seguía aplaudiendo cuando George besa a Lorraine y cuando Marty viaja de vuelta a su futuro. La sinfónica se llevó una ovación cerrada. La película, también.

Mi yo de 63 años no pudo evitar sonreír y admitir que el yo de 23 —encarnado en Marty McFly— será para siempre joven. Ya está. Nunca volveré a hacer algo de esas dimensiones, así que por fin aprecio *Regreso al futuro* por lo que realmente es: una película casi perfecta.

EPÍLOGO

A las pocas semanas de haber empezado a escribir este libro, le envié un correo a Eric Stoltz para preguntarle si le interesaría hablar conmigo sobre su experiencia en *Regreso al futuro*. Eric ha mantenido silencio sobre el tema durante cuarenta años, así que ya contaba con que quizá preferiría seguir así. «Si tu respuesta es "lárgate y déjame en paz", también me vale», le escribí.

Su magnífica respuesta por escrito empezaba diciendo: «¡Lárgate y déjame en paz!». Por suerte, a continuación, añadía: «Es broma...». Eric recibió con buena disposición mi acercamiento y, aunque declinó amablemente participar en el libro, se mostró dispuesto a que nos viéramos en Nueva York. A pesar de trabajar en lo mismo y de movernos en círculos parecidos, todavía no nos conocíamos. Bueno, al menos eso creía yo entonces.

Le invité a pasar por mi despacho o a tomar un café por mi barrio, pero luego caí en la cuenta de que ver a dos Marty McFly en un Starbucks podía petar internet, de modo que optamos por la discreción antes que por la cafeína. En una mañana fresca del pasado otoño, Eric apareció en la puerta de mi casa y enseguida nos pusimos a charlar con naturalidad sobre nuestras carreras, nuestras familias y, sí, nuestros particulares viajes por el continuo espacio-tiempo. No obstante, tal y como él me pidió, esa parte de la conversación quedará entre nosotros.

Cualquier posible incomodidad se disipó de inmediato gracias a la elegancia de Eric. Entró sonriendo, y pronto dejamos claro que ninguno de los dos tenía un problema con el otro. Lo que ocurrió en *Regreso al futuro* no nos convirtió en enemigos ni en rivales predestinados. Éramos solo dos actores entregados a nuestro trabajo que volcamos cantidades similares de energía en el mismo papel. Lo demás no tenía que ver con nosotros.

Resultó que teníamos mucho más en común que los meses que pasamos encarnando a Marty. Hablando de nuestros inicios en Hollywood, caímos en la cuenta de que, en realidad, sí nos habíamos visto. Durante aquellos primeros forcejeos por hacernos un hueco en la industria, los dos habíamos hecho una audición para *Hombres de hierro*, la intensamente dramática, intensamente oscura e intensamente intensa película de Franc Roddam sobre una academia militar del sur. La directora de *casting* nos pidió que leyéramos una escena juntos, y Eric se tomó tan en serio la nota de «intenso» que me agarró la camiseta con tal fuerza que casi la hizo jirones. A pesar de ello, ninguno de los dos consiguió el papel. Al recordar aquel encuentro, le confesé: «En aquella época, creo que solo tenía tres camisetas... y esa era la que usaba para las audiciones». Nos echamos a reír. «Seguro que ahora tienes el armario a reventar», bromeó Eric. Sí, tengo unas cuantas.

Cuando le propuse vernos, le dije que me interesaba hablar de actor a actor, que me interesaba su manera de entender la profesión y el proceso que seguía a la hora de desarrollar un personaje y darle vida. Y eso fue exactamente lo que sucedió. A lo largo de dos horas de conversación, descubrimos que compartíamos el mismo amor por nuestro oficio, un amor que hundía sus raíces en el cine clásico. Le dije a Eric que me recordaba a uno de mis actores favoritos, Montgomery Clift; y él, generoso, me comparó con Jack Lemmon, a quien admiro desde hace mucho. Curiosamente, ambos mencionamos lo mucho que nos habían marcado *Río Rojo*, de Howard Hawks, y *Un lugar en el sol*, de George Stevens, películas fundamentales en nuestra manera de abordar la interpretación (y ambas protagonizadas por Montgomery Clift).

Desde aquel encuentro, Eric y yo hemos mantenido una correspondencia amistosa, peloteos de un lado a otro de la red entre actores y padres afines, recomendándonos películas recientes que nos han gustado, anécdotas de nuestras últimas aventuras con los hijos y, de vez en cuando, algunas incursiones en cuestiones de política. Sus correos son invariablemente ingeniosos y un placer de leer.

Es un recordatorio de que algunos de los mejores momentos de nuestro futuro pueden venir del pasado. Un regalo más del año 1985.

AGRADECIMIENTOS

Nelle y yo no teníamos ningún derecho a intentar escribir este libro en nueve meses. El verano anterior le comenté la idea, casi de pasada, a mi agente literaria —la legendaria Binky Urban, de CAA— y ese mismo día se lo vendió a nuestros amigos de Flatiron Books (gracias, Binky, por tu fe inquebrantable en este libro). Flatiron puso una condición: la publicación tenía que coincidir con el cuarenta aniversario de la película, con una fecha de entrega del manuscrito a menos de un año vista. Cuando quise darme cuenta, estaba en casa de Nelle viendo *Regreso al futuro* y tomando notas para lo que, muy pronto, se convertiría en esta narración.

Como la propia película, levantar este proyecto fue una carrera a contrarreloj. La tarea habría fracasado seguro de no ser por la enciclopedia viviente de *Regreso al futuro* que es Bob Gale. Bob, gracias por responder a nuestras preguntas a cualquier hora y por mantener viva la llama de esta película durante cuatro décadas de sumar fans devotos.

Al principio nos plantamos en casa de Bob Zemeckis, en California, para una charla larga. Fue un placer recordar juntos nuestros viajes en el tiempo y explorar la infinidad de maneras en que esta película pudo haber salido mal. Que sobreviviera tiene todo que ver con el talento, la visión y la capacidad de Bob para sortear una crisis nerviosa. Por si no ha quedado ya claro en estas páginas, yo pensaba —y sigo pensando— que Bob es un director extraordinario. Y como guionistas, Bob y Bob crearon el patrón del guion modélico: ingenioso y milimétrico, es de los mejores que he leído.

Una razón evidente del éxito en el tiempo de *Regreso al futuro* es su reparto ejemplar. Chris Lloyd, siempre digo que, en realidad, no te conocí hasta la segunda película. El trabajo nos exigía toda la atención, pero por fin encontramos tiempo para forjar una amistad de la que Doc y Marty estarían orgullosos. Te quiero, hermano. Lea Thompson, qué regalo fue actuar a tu lado. Con 23 años tenías ya la madurez para encarnar a Lorraine a través del tiempo y las épocas, y tu interpretación es sobrecogedora. Gracias por tu aportación a este libro. Crispin Glover, ha sido estupendo reconectar contigo después de tantos años. Sigo siendo fan tuyo. Y mi cariño y admiración para Tom Wilson, Claudia Wells y el resto del talentoso elenco de *Regreso al futuro*.

A nuestro padrino, Steven Spielberg. Perdón por llamarte Murray. No habría Marty McFly sin ti. Gracias por apadrinar el proyecto y por ver en aquel guion lo que tantos otros no vieron: un clásico de los de verdad. A los productores ejecutivos Frank Marshall y Kathy Kennedy, sentí vuestro entusiasmo por esta película desde el segundo en que os conocí. Gracias por vuestra confianza, sabiduría y apoyo en el camino. Al productor Neil Canton, que encajó un puzle de piezas rotas y convirtió todo en una imagen preciosa: eres el mejor. Y mi sincero agradecimiento a Sid Sheinberg, presidente durante años de Universal Pictures, a quien no recuerdo haber llegado a conocer, pero que cumplió su promesa con Bob, Bob y Steven. Suertudo yo.

Mirando atrás, pasé más tiempo con el equipo técnico de *Regreso al futuro* que con mis compañeros de reparto. Mi admiración y mis gracias al primer ayudante de dirección, David McGiffert. Fuiste un gran profesional y supiste mantener a todo el mundo avanzando en la dirección y el tiempo correctos, en plena tormenta. Al director de fotografía, Dean Cundey, y a los equipos de cámara e iluminación: gracias por esta película tan hermosa. Gracias también a mi profesor de guitarra, Paul Hanson, por enseñarme a tocar una canción que era todo un éxito; y a mi doble de riesgo, Charlie Croughwell, por comerse los golpes por mí. A ambos, mi gratitud por vuestra pericia y por ser buena gente. Un saludo muy especial a todos los chófer que me llevaron donde tenía que estar e incluso me metieron en la cama cuando, a las cuatro de la mañana, estaba demasiado cansado para entender que mi jornada (o mi noche) había terminado. Y a cada miembro del equipo de *Regreso al futuro*, de la preparación a la posproducción, gracias por aguantar cuando se puso cuesta arriba. Vuestro trabajo ha contribuido a una película querida por millones.

Mi familia de *Enredos de familia* siempre será mi segunda familia. Gary David Goldberg, aún no me creo que no estés aquí. Mi agradecimiento de corazón para Diana Meehan, su esposa, y para sus hijas, Shana y Cailin Goldberg-Meehan, por mantener vivo su legado. Y para Heather Green, la infatigable asistente de Gary: gracias por rebuscar entre cajas de hace décadas para ayudarnos a recomponer la cronología de este libro. A Justine Bateman, mi compañera del alma: gracias por tantos buenos recuerdos. Tu amistad significa el mundo para mí. Meredith Baxter, Michael Gross y Tina

Yothers: fue un honor ser un Keaton junto a vosotros. Os quiero.

Y mi gratitud para el reparto secundario, el equipo de guion y el equipo técnico de *Enredos de familia.* Qué tiempos.

Tengo la suerte de contar con dos amigos que siempre me hacen reír: Michael Weithorn y Marc Lawrence. Vosotros llevasteis a Alex Keaton a través de años de golpes y remates, y a mí a través de toda la locura. Fue una alegría volver a oír las viejas historias. Gracias por acompañarme en este viaje al pasado.

Este libro no existiría sin quienes creyeron en él desde el principio: la editora Megan Lynch, de Flatiron Books; la editora asociada, Malati Chavali; y nuestro estupendo editor, Zachary Wagman, vicepresidente de Flatiron. Zack, que seas tan fan de *Regreso al futuro* nos ganó desde el primer día. Gracias por tu guía y por seguir cogiéndonos el teléfono aun sabiendo que íbamos a pedir «unas semanitas más». Gracias también a Louis Grilli (director asociado de Operaciones Editoriales) por vigilar cada detalle. Nos encantan los obsesivos como nosotros. Nuestro agradecimiento a Guy Oldfield (vicepresidente de Macmillan Audio) por producir el tipo de audiolibro que nos gusta escuchar y por tu paciencia grabándolo. Un libro sin marketing ni prensa es solo tinta en papel: estamos en deuda con Marlena Bittner (directora de Marketing y Publicidad) y Christopher Smith (responsable sénior de Publicidad) por llevarlo al mundo. Gracias, Molly Bloom (sénior editora de producción) y Jane Haxby (correctora de estilo), por cazar cada coma y hacer todas las preguntas adecuadas. Y al meticuloso equipo de fabricación de Flatiron: Eva Diaz, Steven Seighman, Emily Walters y Morgan Mitchell.

A Leslie Wells, nuestra editora y amiga de siempre. Te mereces tu propio párrafo. Gracias por soportar nuestro calendario imposible. Fuiste nuestra primera lectora y nuestra crítica más útil. Tu amor desbordado por estas historias, y tu ánimo para seguir adelante, nos sostuvieron de principio a fin.

A nuestra editora gráfica, Laura Hanifin, a la que engañamos haciéndole creer que sería un trabajo rápido y fácil. Laura, gracias por bucear entre miles de fotos de 1985 y por tu pericia en licencias y retoque, que nos permitió centrarnos en escribir. Muchísimas gracias a Leslie Sloane y Jami Kandel, de Vision PR, por apoyar este libro y lograr que hasta la gente que vive en cuevas supiera que había que comprarlo.

A mi equipo en los negocios y en la vida: Peter Benedek, en UTA, que me conocía antes de que yo fuera «yo». Gracias por todo. También en UTA, Nancy Gates y Heidi Feigin: gracias por vuestra ayuda con este proyecto y por mantener el trabajo vivo. A Nina Tringali, mi mánager, que gestiona mucho más que mi carrera: te estaré siempre agradecido por tu amistad y por todo lo que haces. A Aaron Philpott, en GCBM, y a tu equipo, Amber Hamilton y Vickie Vlahos: aprecio el esfuerzo extra que exigió este libro. Y gracias a mis abogados en Ziffren Brittenham: Brian Lazarus y Cole Stephenson, y a la asistente legal Jessica Nugent. Mi cheque va en camino.

Hay amistades que duran toda la vida. Andy Hill y Chris Coady: gracias por aportar fotos a este libro y por vuestra memoria afilada de nuestras fechorías (¿no tenemos la misma edad? ¿Cómo os acordáis de todo?). En la categoría «amigos queridos»: Nelle quiere dar las gracias a Dianne Festa por cederle su *loft* del SoHo durante muchas noches nómadas en

Nueva York. Dianne, gracias por el techo y el alimento, y por preparar incontables capuchinos. Eres un ángel.

A Bob Gersh, el primer agente que me fichó: gracias por sacar de la nada a un adolescente canadiense y ponerme en este camino alucinante. Nuestro agradecimiento a Roni Lubliner, en NBC Universal, por tu tiempo y ayuda con el sinfín de cosas de este libro que requerían licencia. Gracias también a Michael Klastorin, antiguo publicista de Universal, por tu utilísimo libro sobre la franquicia *Regreso al futuro*. Un enorme gracias al compositor Alan Silvestri —autor de una partitura inolvidable para *Regreso al futuro*— y a la Filarmónica de Nueva York (bajo la batuta de David Newman) por interpretarla.

No podría funcionar sin la gente indispensable que me sostiene cada día, empezando por mi asistente, Lauren Moger. ¿He dicho «asistente»? Quería decir musa, *hípster*, animadora, entrenadora, asesora médica y guardiana de la llave del armario donde se esconden los rollos de canela. Lo haces posible. Y a mis chicos: Mike Buska, Mike Caterina y John Paolella, que siempre me cubren las espaldas, incluso cuando están en el suelo. Gracias por mantenerme erguido.

A la familia Fox, de Burnaby (Canadá): Bill, Phyllis y Karen: os echo de menos cada día. Y a mis hermanos Steve, Jackie y Kelli: os quiero muchísimo.

Por último, Nelle y yo queremos dar las gracias a nuestras familias, que han esperado con paciencia mientras nos metíamos en un agujero de escritura durante nueve meses. Nuestro amor y adoración infinitos para Tracy Pollan, Sam Fox, Aquinnah Fox, Schuyler Fox, Esme Fox, John Fortenberry, Tess Fortenberry y Chance Fortenberry. Estamos deseando volver a ponernos al día con todos vosotros.

CRÉDITOS FOTOGRÁFICOS

Se agradece encarecidamente la autorización para reproducir las siguientes imágenes:

1. Edmonds Community School Yearbook 1975/1976.
2. Cortesía de Andy Hill.
3. Con permiso de Arts Club Theatre Company, foto de Glen Erikson.
4. Fotograma de *Enredos de familia*, cortesía de CBS Studios.
5. mptvimages.com
6. © Gene Trindl / mptvimages.com
7. © Gene Trindl / mptvimages.com
8. Cortesía de Goldberg Family Archives.
9. © Paramount Television / Cortesía de Everett Collection.
10. Fotograma de *Enredos de familia*, cortesía de CBS Studios.
11. Cortesía de Michael Weithorn.
12. Cortesía de Universal Studios Licensing LLC.
13. Cortesía de Universal Studios Licensing LLC.

14. Cortesía de Universal Studios Licensing LLC.
15. © NBC / Photofest, Inc.
16. mptvimages.com
17. mptvimages.com
18. Cortesía de Universal Studios Licensing LLC.
19. mptvimages.com
20. Cortesía de Universal Studios Licensing LLC.
21. Cortesía de Universal Studios Licensing LLC.
22. Cortesía de Universal Studios Licensing LLC.
23. Cortesía de Universal Studios Licensing LLC.
24. Cortesía de Universal Studios Licensing LLC.
25. Cortesía de Universal Studios Licensing LLC.
26. Cortesía de Universal Studios Licensing LLC.
27. Cortesía de Universal Studios Licensing LLC.
28. mptvimages.com
29. Cortesía de Universal Studios Licensing LLC.
30. Cortesía de Universal Studios Licensing LLC.
31. Cortesía de Universal Studios Licensing LLC.
32. Cortesía de Universal Studios Licensing LLC.
33. Cortesía de Universal Studios Licensing LLC.
34. Cortesía de Universal Studios Licensing LLC.
35. Cortesía de Universal Studios Licensing LLC.
36. Cortesía de Universal Studios Licensing LLC.
37. mptvimages.com
38. mptvimages.com
39. Cortesía de Universal Studios Licensing LLC.
40. Cortesía de Universal Studios Licensing LLC.
41. Cortesía de Universal Studios Licensing LLC.
42. Fotograma, cortesía de Universal Studios Licensing LLC.
43. mptvimages.com
44. mptvimages.com